中国科学院统计年鉴

STATISTICAL YEARBOOK OF CHINESE ACADEMY OF SCIENCES

2021

中国科学院发展规划局　编

Bureau of Development and Planning
Chinese Academy of Sciences

科学出版社

北　京
Science Press, Beijing

内 容 简 介

本书是一部全面反映中国科学院科技工作和各项事业发展的资料性年刊，收录了全院及院属各单位2020年的统计数据以及历年全院主要统计数据。本书主要内容分为13个部分，即学部，机构，人员，经费，基本建设，科技活动，人才培养与引进，高等教育，专利、科技论文、获奖成果，院、所投资企业开发经营活动，科技成果转移转化项目，国际合作、港澳台地区交流，文献情报、图书出版，主要统计指标解释附于各部分之后。本书具有重要的资料参考价值。

图书在版编目（CIP）数据

中国科学院统计年鉴. 2021 / 中国科学院发展规划局编. —北京：科学出版社，2021.10

ISBN 978-7-03-069820-9

Ⅰ. ①中… Ⅱ. ①中… Ⅲ. ①中国科学院-统计资料-2021-年鉴
Ⅳ. ①G322.21-66

中国版本图书馆CIP数据核字（2021）第187141号

责任编辑：侯俊琳 张 莉 / 责任校对：韩 杨
责任印制：师艳茹 / 封面设计：陈 敬

中国科学院统计年鉴
STATISTICAL YEARBOOK OF
CHINESE ACADEMY OF SCIENCES
2021

中国科学院发展规划局 编
科学出版社 出版
北京东黄城根北街16号
邮政编码：100717
http://www.sciencep.com
中国科学院印刷厂 印刷
科学出版社出版发行

*

2021年10月第 一 版 开本：787×1092 1/16
2021年10月第一次印刷 印张：20 3/4
字数：460 000

定价：260.00元

（如有印装质量问题，我社负责调换）

《中国科学院统计年鉴》（2021）
编委会和编辑人员

Members of the Editorial Committee and Editorial Office of the *Statistical Yearbook of Chinese Academy of Sciences 2021*

编 者 说 明

一、《中国科学院统计年鉴》(2021)是一部全面反映中国科学院科技工作和各项事业发展的资料性年刊。本年鉴收录了全院及院属各单位2020年的统计数据以及历年全院主要统计数据。

二、本年鉴内容分为13个部分，即：学部，机构，人员，经费，基本建设，科技活动，人才培养与引进，高等教育，专利、科技论文、获奖成果，院、所投资企业开发经营活动，科技成果转移转化项目，国际合作、港澳台地区交流，文献情报、图书出版。主要统计指标解释附于各部分之后。

三、本年鉴资料来源于综合、业务及其他管理部门年度统计报表。

四、本年鉴部分数据合计数由于单位取舍不同产生的计算误差均未做机械调整。

五、本年鉴各部分中的“按学科分”汇总数据，均指按机构所属学科分，个别情况已另加“注”说明。

六、本年鉴由中国科学院发展规划局会同院机关有关部门及相关单位共同完成。在编辑出版过程中，编辑部得到了各方面的支持和帮助，在此一并致谢。

EDITOR'S NOTES

1. The *Statistical Yearbook of Chinese Academy of Sciences 2021* is an informational almanac which gives an overall description of every major aspect related to CAS's scientific and technological (S&T) activities and its development. It contains statistical data of institutions and organizations of CAS in 2020 as well as its important statistical information in the past years.

2. The Yearbook consists of the following 13 parts: academic divisions; organizations; personnel; funds; capital construction; S&T activities; talent training and recruitment; higher education; patents, S&T papers and award-winning achievements; business activities of CAS and its institution invested enterprises; transfer and transformation of sci-tech achievements; international cooperation, and exchanges with Hong Kong, Macao and Taiwan regions; documentation, information and other publications. Explanatory notes on key indicators are attached at the end of each part.

3. Data contained in the Yearbook are selected from the annual statistical reports of various professional and management departments of the Headquarters of CAS.

4. Details may not add to the total in some statistical tables due to rounding. No manual adjustment is made.

5. The definition "By field" in some statistical tables refers to the classification of research fields which the institutes mainly deal with, some special cases have attached notes.

6. The Yearbook is completed by the Bureau of Development and Planning of CAS in cooperation with the relevant departments of CAS headquarters and concerned institutions. The editorial committee extends its gratitude to all those who have rendered their valuable support and assistance during the preparation of this Yearbook.

目　录
CONTENTS

一、学　部
ACADEMIC DIVISIONS

1-1　历届当选的中国科学院院士（学部委员）人数按学部分布

CAS Members, by Academic Division and Election Year

单位：人　　　　　　　　　　　　　　　　　　　　　　　　　　　　　　（person）

年份 Year	合计 Total	数学物理学部 Division of Mathematics and Physics	化学部 Division of Chemistry	生命科学和医学学部 Division of Life Sciences and Medicine	地学部 Division of Earth Sciences	信息技术科学部 Division of Information Technical Sciences	技术科学部 Division of Technological Sciences
总计 Total	**1433**	**255**	**234**	**298**	**252**	**46**	**348**
1955	172	30	22	60	24		36
1957	18	6	2	5	3		2
1980	283	51	51	53	64		64
1991	210	38	35	34	35		68
1993	59	10	10	11	10		18
1995	59	10	9	12	10		18
1997	58	9	10	12	10		17
1999	55	10	8	11	10		16
2001	56	10	10	12	9		15
2003	58	10	10	11	10		17
2005	51	8	9	12	7	6	9
2007	29	6	6	7	4	1	5
2009	35	6	8	5	5	4	7
2011	51	9	7	9	10	7	9
2013	53	9	9	9	10	7	9
2015	61	11	9	12	10	8	11
2017	61	11	9	13	10	6	12
2019	64	11	10	10	11	7	15

注：1. 2004 年 6 月，生物学部更名为生命科学和医学学部，技术科学部划分为信息技术科学部、技术科学部。

Note: In June 2004, Division of Biological Sciences changed its name into Division of Life Sciences and Medicine, while, Division of Technological Sciences was divided into Division of Information Technical Sciences and Division of Technological Sciences.

2. 2016 年 12 月，杨振宁、姚期智由中国科学院外籍院士转为中国科学院院士。2018 年 4 月，蒲慕明由中国科学院外籍院士转为中国科学院院士。

In December 2016, Yang Zhenning and Yao Qizhi were transferred from CAS Foreign Members to CAS Members. In April 2018, Pu Muming was transferred from CAS Foreign Members to CAS Members.

1-2 现有院士人数按学部分布（2020 年）

Present CAS Members, by Academic Division: 2020

单位：人 （person）

	合计 Total	数学物理学部 Division of Mathematics and Physics	化学部 Division of Chemistry	生命科学和医学学部 Division of Life Sciences and Medicine	地学部 Division of Earth Sciences	信息技术科学部 Division of Information Technical Sciences	技术科学部 Division of Technological Sciences
总计 Total	**811**	**152**	**129**	**149**	**136**	**97**	**148**
其中：女性 Of which: Female	53	7	8	20	5	6	7
中国科学院 CAS	288	68	50	54	60	32	24
高等院校 Institutions of higher education	381	64	72	63	52	43	87
其他单位 Other institutions	142	20	7	32	24	22	37

注：另有 105 位中国科学院外籍院士。
Note: In addition, CAS has 105 foreign members.

1-3 中国科学院院士年龄情况（2020 年）

Age Distribution of CAS Members: 2020

单位：人 （person）

	合计 Total	40～49 岁 Aged 40-49	50～59 岁 Aged 50-59	60～69 岁 Aged 60-69	70～79 岁 Aged 70-79	80～89 岁 Aged 80-89	90 岁以上 Aged over 90
总计 Total	**811**	**3**	**199**	**148**	**114**	**255**	**92**
数学物理学部 Division of Mathematics and Physics	152	1	36	20	22	57	16
化学部 Division of Chemistry	129	1	37	28	18	30	15
生命科学和医学学部 Division of Life Sciences and Medicine	149	1	38	34	24	34	18
地学部 Division of Earth Sciences	136		26	26	25	48	11
信息技术科学部 Division of Information Technical Sciences	97		26	14	9	41	7
技术科学部 Division of Technological Sciences	148		36	26	16	45	25

1-4　中国科学院学部咨询报告
Consultation Reports Submitted by CAS Academic Divisions

年份 Year	咨询报告和院士建议 Consultation reports and suggestions （篇） （Article）	学术和科普报告会 Academic and popular science meetings （场） （Time）
2000	29	16
2001	80	12
2002	21	27
2003	39	25
2004	49	93
2005	17	91
2006	34	115
2007	22	65
2008	40	49
2009	34	80
2010	22	78
2011	18	126
2012	33	148
2013	21	144
2014	26	210
2015	33	242
2016	28	244
2017	35	176
2018	39	252
2019	42	192
2020	38	134

注：学部咨询报告和院士建议是根据国家需求，由学部组织或院士个人对国家重大科学技术问题提出的咨询意见和建议。

Note: The consultation reports and suggestions submitted by CAS Academic Divisions or its individual members are, in accordance with the nation’s demands, on the national major science and technology issues.

二、机　构

ORGANIZATIONS

2-1 院直属单位发展情况

Development of Units Directly under CAS

单位：个 （unit）

年份 Year	院属事业单位 Institutions directly under CAS	科研机构 Research units	院直接投资的控股企业 CAS invested holding enterprises
1949	25	22	
1952	36	31	
1957	97	67	
1962	117	99	
1966	135	106	
1975	80	63	
1980	156	117	
1985	157	122	
1990	159	123	
1994	159	123	5
1995	161	124	5
1996	158	123	8
1997	157	123	10
1998	155	121	10
1999	149	115	8
2000	145	112	8
2001	120	94	18
2002	112	85	23
2003	116	89	23
2004	116	89	21
2005	115	90	21
2006	116	91	22
2007	116	91	24
2008	113	92	24
2009	117	97	24
2010	117	97	22
2011	118	98	22
2012	124	104	22
2013	124	104	21
2014	124	104	22
2015	124	104	23
2016	124	104	24
2017	125	105	23
2018	125	105	23
2019	125	104	21
2020	126	105	22

2-2 院直属事业单位（2020 年）
Institutions Directly under CAS: 2020

序号 No.	单位名称 Unit	序号 No.	单位名称 Unit
	合计：126 个 Total: 126 units	13	地理科学与资源研究所 Inst. of Geographic Sciences and Natural Resources Research
	北京市：45 个 Beijing: 45 units	14	青藏高原研究所 Inst. of Tibetan Plateau Research
1	数学与系统科学研究院 Academy of Mathematics and Systems Science	15	地质与地球物理研究所 Inst. of Geology and Geophysics
2	物理研究所 Inst. of Physics	16	古脊椎动物与古人类研究所 Inst. of Vertebrate Paleontology and Paleoanthropology
3	声学研究所 Inst. of Acoustics	17	大气物理研究所 Inst. of Atmospheric Physics
4	理论物理研究所 Inst. of Theoretical Physics	18	植物研究所 Inst. of Botany
5	理化技术研究所 Technical Inst. of Physics and Chemistry	19	动物研究所 Inst. of Zoology
6	高能物理研究所 Inst. of High Energy Physics	20	心理研究所 Inst. of Psychology
7	国家天文台 National Astronomical Observatories of China	21	微生物研究所 Inst. of Microbiology
8	力学研究所 Inst. of Mechanics	22	生物物理研究所 Inst. of Biophysics
9	化学研究所 Inst. of Chemistry	23	遗传与发育生物学研究所 Inst. of Genetics and Developmental Biology
10	生态环境研究中心 Research Center for Eco-Environmental Sciences	24	北京基因组研究所 Beijing Inst. of Genomics
11	国家纳米科学中心 National Center for Nanoscience and Technology	25	计算技术研究所 Inst. of Computing Technology
12	过程工程研究所 Inst. of Process Engineering	26	计算机网络信息中心 Computer Network Information Center

续表 2-2

序号 No.	单位名称 Unit	序号 No.	单位名称 Unit
27	软件研究所 Inst. of Software	44	中国科学报社 China Science Daily
28	信息工程研究所 Inst. of Information Engineering	45	科技创新发展中心 Science and Technology Innovation and Development Center
29	半导体研究所 Inst. of Semiconductors		天津市：1 个 Tianjin: 1 unit
30	微电子研究所 Inst. of Microelectronics	46	天津工业生物技术研究所 Tianjin Inst. of Industrial Biotechnology
31	空天信息创新研究院 Aerospace Information Research Institute		山西省：1 个 Shanxi Province: 1 unit
32	电工研究所 Inst. of Electrical Engineering	47	山西煤炭化学研究所 Shanxi Inst. of Coal Chemistry
33	工程热物理研究所 Inst. of Engineering Thermophysics		辽宁省：5 个 Liaoning Province: 5 units
34	国家空间科学中心 National Space Science Center	48	大连化学物理研究所 Dalian Inst. of Chemical Physics
35	空间应用工程与技术中心 Technology and Engineering Center for Space Utilization	49	沈阳应用生态研究所 Shenyang Inst. of Applied Ecology
36	自动化研究所 Inst. of Automation	50	沈阳自动化研究所 Shenyang Inst. of Automation
37	自然科学史研究所 Inst. of History of Natural Sciences	51	金属研究所 Inst. of Metal Research
38	科技战略咨询研究院 Inst. of Science and Development	52	沈阳分院 Shenyang Branch
39	北京综合研究中心 Beijing Advanced Sciences and Innovation Centre		吉林省：4 个 Jilin Province: 4 units
40	中国科学院机关 CAS Head Office	53	长春应用化学研究所 Changchun Inst. of Applied Chemistry
41	行政管理局 Bureau of Administration and Logistics	54	东北地理与农业生态研究所 Northeast Inst. of Geography and Agroecology
42	中国科学院大学 University of CAS	55	长春光学精密机械与物理研究所 Changchun Inst. of Optics，Fine Mechanics and Physics
43	文献情报中心 National Science Library	56	长春分院 Changchun Branch

续表 2-2

序号 No.	单位名称 Unit
	上海市：16 个 Shanghai: 16 units
57	上海应用物理研究所 Shanghai Inst. of Applied Physics
58	上海天文台 Shanghai Observatory
59	上海硅酸盐研究所 Shanghai Inst. of Ceramics
60	上海有机化学研究所 Shanghai Inst. of Organic Chemistry
61	分子细胞科学卓越创新中心 Shanghai Inst. of Biochemistry and Cell Biology
62	脑科学与智能技术卓越创新中心 Center for Excellence in Brain Science and Intelligence Technology
63	分子植物科学卓越创新中心 CAS Center for Excellence in Molecular Plant Sciences
64	上海营养与健康研究所 Shanghai Inst. of Nutrition And Health
65	上海巴斯德研究所 Inst. Pasteur of Shanghai
66	上海微系统与信息技术研究所 Shanghai Inst. of Microsystem and Information Technology
67	上海光学精密机械研究所 Shanghai Inst. of Optics and Fine Mechanics
68	上海技术物理研究所 Shanghai Inst. of Technical Physics
69	上海药物研究所 Shanghai Inst. of Materia Medica
70	上海高等研究院 Shanghai Advanced Research Institute
71	微小卫星创新研究院 Innovation Academy for Microsatellites
72	上海分院 Shanghai Branch
	浙江省：1 个 Zhejiang Province: 1 unit
73	宁波材料技术与工程研究所 Ningbo Inst. of Material Technology and Engineering
	江苏省：7 个 Jiangsu Province: 7 units
74	紫金山天文台 Purple Mountain Observatory
75	南京地理与湖泊研究所 Nanjing Inst. of Geography and Limnology
76	南京地质古生物研究所 Nanjing Inst. of Geology and Palaeontology
77	南京土壤研究所 Nanjing Inst. of Soil Science
78	苏州纳米技术与纳米仿生研究所 Suzhou Inst. of Nano-Tech and Nano-Bionics
79	苏州生物医学工程技术研究所 Suzhou Inst. of Biomedical Engineering and Technology
80	南京分院 Nanjing Branch
	安徽省：2 个 Anhui Province: 2 units
81	合肥物质科学研究院 Hefei Institutes of Physical Sciences
82	中国科学技术大学 University of Science and Technology of China
	福建省：2 个 Fujian Province: 2 units
83	福建物质结构研究所 Fujian Inst. of Research on the Structure of Matter

续表 2-2

序号 No.	单位名称 Unit
84	城市环境研究所 Inst. of Urban Environment
	江西省：2 个 Jiangxi Province: 1 unit
85	赣江创新研究院 GanJiang Innovation Academy
86	庐山疗养院 Lushan Sanatorium
	山东省：4 个 Shandong Province: 4 units
87	海洋研究所 Inst. of Oceanology
88	青岛疗养院 Qingdao Sanatorium
89	青岛生物能源与过程研究所 Qingdao Inst. of Bioenergy and Bioprocess Technology
90	烟台海岸带研究所 Yantai Inst. of Coastal Zone Research
	湖北省：6 个 Hubei Province: 6 units
91	精密测量科学与技术创新研究院 Innovation Academy for Precision Measurement Science and Technology
92	武汉岩土力学研究所 Wuhan Inst. of Rock and Soil Mechanics
93	武汉植物园 Wuhan Botanical Garden
94	水生生物研究所 Inst. of Hydrobiology
95	武汉病毒研究所 Wuhan Inst. of Virology
96	武汉分院 Wuhan Branch
	湖南省：1 个 Hunan Province:1 unit
97	亚热带农业生态研究所 Inst. of Subtropical Agriculture
	广东省：7 个 Guangdong Province: 7 units
98	广州地球化学研究所 Guangzhou Inst. of Geochemistry
99	南海海洋研究所 South China Sea Inst. of Oceanology
100	华南植物园 South China Botanical Garden
101	广州能源研究所 Guangzhou Inst. of Energy Conversion
102	广州生物医药与健康研究院 Guangzhou Institutes of Biomedicine and Health
103	深圳先进技术研究院 Shenzhen Institutes of Advanced Technology
104	广州分院 Guangzhou Branch
	四川省：4 个 Sichuan Province: 4 units
105	成都山地灾害与环境研究所 Chengdu Inst. of Mountain Hazards and Environment
106	成都生物研究所 Chengdu Inst. of Biology
107	光电技术研究所 Inst. of Optics and Electronics
108	成都分院 Chengdu Branch
	重庆市：1 个 Chongqing: 1 unit

续表 2-2

序号 No.	单位名称 Unit	序号 No.	单位名称 Unit
109	重庆绿色智能技术研究院 Chongqing Inst. of Green and Intelligent Technology	118	西安分院 Xi'an Branch
	贵州省：1 个 Guizhou Province: 1 unit		甘肃省：4 个 Gansu Province: 4 units
110	地球化学研究所 Inst. of Geochemistry	119	近代物理研究所 Inst. of Modern Physics
	云南省：4 个 Yunnan Province: 4 units	120	兰州化学物理研究所 Lanzhou Inst. of Chemical Physics
111	昆明植物研究所 Kunming Inst. of Botany	121	西北生态环境资源研究院 Northwest Inst. of Eco-Environment and Resources
112	西双版纳热带植物园 Xishuangbanna Tropical Botanical Garden	122	兰州分院 Lanzhou Branch
113	昆明动物研究所 Kunming Inst. of Zoology		新疆维吾尔自治区：3 个 Xinjiang Uygur Autonomous Region: 3 units
114	昆明分院 Kunming Branch	123	新疆理化技术研究所 Xinjiang Technical Inst. of Physics and Chemistry
	陕西省：4 个 Shaanxi Province: 4 units	124	新疆生态与地理研究所 Xinjiang Inst. of Ecology and Geography
115	国家授时中心 National Time Service Center	125	新疆分院 Xinjiang Branch
116	西安光学精密机械研究所 Xi'an Inst. of Optics and Precision Mechanics		海南省：1 个 Hainan Province: 1 unit
117	地球环境研究所 Inst. of Earth Environment	126	深海科学与工程研究所 Inst. of Deep-sea Science and Engineering

注：Inst.—Institute, R&D—Research and Development。

2-3　院投资的控股企业（2020 年）

CAS Invested Holding Enterprises: 2020

序号 No.	单位名称 Unit
	合计：22 个 Total: 22 units
	北京市：15 个 Beijing: 15 units
1	中国科学院控股有限公司 CAS Holdings Co., Ltd.
2	中科实业集团（控股）有限公司 China Sciences Holdings Co., Ltd.
3	东方科仪控股集团有限公司 OSIC Holdings Croup Co., Ltd.
4	中国科技出版传媒集团有限公司 China Science Publishing & Media Ltd.
5	国科科仪控股有限公司 CAS Scientific Instruments Holdings Co., Ltd.
6	国科新材料技术有限公司 CAS Advanced Material Technology Co., Ltd.
7	北京中科院软件中心有限公司 CAS Beijing Software Co., Ltd.
8	中科院建筑设计研究院有限公司 CAS Architectural Design Institute Co., Ltd.
9	北京中科资源有限公司 CAS Beijing Resources Co., Ltd.
10	中科院科技服务有限公司 CAS S&T Service Co., Ltd.
11	中科院创新孵化投资有限责任公司 CAS Innovation and Investment Co.,Ltd.
12	北京科诺伟业科技股份有限公司 Beijing Corona Science&Technology Co.,Ltd.
13	喀斯玛控股有限公司 CASMART Holdings Co., Ltd.

续表 2-3

序号 No.	单位名称 Unit
14	国科离子医疗科技有限公司 CAS Ion Medical Technology Co., Ltd.
15	北京国科航天发射科技有限公司 Beijing CAS Aerospace Launch Technology Co.Ltd.
	辽宁省：1 个 Liaoning Province: 1 units
16	中国科学院沈阳计算技术研究所有限公司 CAS Shenyang Institute of Computing Technology Co., Ltd.
	上海市：1 个 Shanghai：1 unit
17	国科羲裕（上海）投资管理有限公司 CASH Xiyu (Shanghai) Investment Management Co.,Ltd.
	四川省：2 个 Sichuan Province: 2 units
18	中国科学院成都有机化学有限公司 CAS Chengdu Organic Chemistry Co., Ltd.
19	中国科学院成都信息技术股份有限公司 Chengdu Information Technology of CAS Co., Ltd.
	广东省：3 个 Guangdong Province: 3 units
20	中国科学院广州化学有限公司 CAS Guangzhou Chemistry Co., Ltd.
21	中国科学院广州电子技术有限公司 Guangzhou Electronics Technology Co., Ltd., CAS
22	深圳中科院知识产权投资有限公司 CAS Shenzhen Intellectual Property Investment Co., Ltd.

主要统计指标解释

1. 院直属单位

院直属单位指经国家正式批准的院直属独立核算单位。独立核算单位的条件是：行政上是具有独立法人资格的单位；财务上独立核算盈亏，独立编制资金平衡表或财务预算、决算表；有权与其他单位签订合同。

2. 事业单位

事业单位指以社会公益为目的，利用国有资产从事科研、服务、教育等活动的院直属具有法人资格的组织。

3. 企业单位

企业单位指院直属从事商品生产、流通、经营和服务性经济活动，以营利为目的并在工商行政管理部门登记的独立核算单位。

Explanatory Notes on Key Indicators

1. Units directly under CAS

This refers to the independent accounting units directly under the jurisdiction of the CAS, which are established on the formal approval of the State. Independent accounting units should enjoy corporate status, assume sole responsibility for their profits or losses, compile independently their financial balance sheets or financial budgets and final accounts, have the right to sign contracts with other organizations and establish their own bank accounts.

2. Institutions

This refers to those units of corporate capacity under CAS, aiming at improving the social welfare, and utilizing the state-owned assets and resources to engage in activities such as scientific research, services, and education.

3. Enterprises

This refers to CAS independent accounting units, which are engaged in the commodity production, circulation and business activities as well as service activities with the aim of making profits and are registered in industrial and commercial administrative departments.

三、人　员
PERSONNEL

3-1 事业单位在职职工分类情况

Classification of CAS Regular Staff

单位：人 （person）

年份 Year	总计 Total	其中：女性 Of which: Female	干部 Cadres						工人 Workers
			合计 Total	专业技术人员 Professional and technical staff				行政管理人员 Administrative staff	
				小计 Subtotal	高级 Senior	中级 Middle level	初级及未定 Junior and others		
1949	575		416	345	122	112	82	71	159
1950	1063		789	562	165	206	141	227	274
1951	1494		1105	811	220	290	228	294	389
1952	5239		3014	1967	351	405	754	1047	2225
1953	7262		4382	2776	391	470	1309	1606	2880
1954	7043		4745	3296	413	493	1560	1449	2298
1955	7978		5817	4152	488	536	1953	1665	2161
1956	14209		11336	8476	731	815	3735	2860	2873
1957	17294		13347	10566	753	931	4750	2781	3947
1958	34049		21558	14979	752	938	5770	6579	12491
1959	45769		32421	20022	680	847	7103	12399	13348
1960	57976		37505	23898	736	1137	9316	13607	20471
1961	40957		28586	19128	590	1219	9794	9458	12371
1962	42143		32285	23179	623	2113	13198	9106	9858
1963	46198		35355	25264	640	2354	14866	10091	10843
1964	52775		39969	28822	696	2719	16634	11147	12806
1965	60258		44341	30835	688	2874	18375	13506	15917
1966	61681		44900	31109	693	2973	18644	13791	16781
1973	35157		24911	16407	414	1768	11289	8504	10246
1974	36635		25944	17242	408	1764	11907	8702	10691
1975	48716		33134	20749	505	1874	14675	12385	15582
1976	51824		34736	19915	429	1903	15496	14821	17088
1977	54756		36811	20592	413	1894	17357	16219	17945
1978	79755		52045	38189	1261	10380	19253	13856	27710
1979	83488	28544	55076	43058	2238	21411	19409	12018	28412
1980	84497	28897	55813	44098	2737	22795	18566	11715	28684
1981	76644	26319	50026	40239	2724	22016	15499	9787	26618
1982	78109	26728	52092	42931	3076	25267	14588	9161	26017
1983	78439	26786	52610	44295	3283	26014	14998	8315	25829

续表 3-1

年份 Year	总计 Total	其中：女性 Of which: Female	干部 Cadres						工人 Workers
			合计 Total	专业技术人员 Professional and technical staff				行政管理人员 Adminis-trative staff	
				小计 Subtotal	高级 Senior	中级 Middle level	初级及未定 Junior and others		
1984	80792			44850	3204		16120	9249	26693
1985	81501			46056	3491		17371	9145	26300
1986	82326	28484	57363	49865	8358	22716	18791	7498	24963
1987	82721	28624	59667	52628	10638	23138	18852	7039	23054
1988	83969	29248	62328	55910	12010	24413	19487	6418	21641
1989	84287	29157	63499	57550	13280	24328	19942	5949	20788
1990	84848	29031	64554	59028	14574	25043	19411	5526	20294
1991	84909	29088	65179	59800	14810	24621	20369	5379	19730
1992	83909	28638	64592	59387	15612	24714	19061	5205	19317
1993	81456	27645	62930	57878	16735	24468	16675	5052	18526
1994	78295	26462	60443	55565	17267	23649	14649	4878	17852
1995	75039	25314	58021	52992	17774	22446	12772	5029	17018
1996	71763	24224	55523	47789	16712	19842	11235	7734	16240
1997	68292	23073	52721	45124	16618	18397	10109	7597	15571
1998	65003	21980	49983	42693	16031	17169	9493	7290	15020
1999	61681	20612	47264	40175	15031	15992	9152	7089	14417
2000	58683	19472	44991	38319	14542	15135	8642	6672	13692
2001	54972	18027	42601	36343	14091	13991	8261	6258	12371
2002	45561	14859	35973	30596	13081	11429	6086	5377	9588
2003	43760	14250	34673	29387	12736	10771	5880	5286	9087
2004	43162	13918	34611	29474	13058	10852	5564	5137	8551
2005	43140	13770	34923	29932	13119	11180	5633	4991	8217
2006	43446	13812	35791	30677	13532	11601	5544	5114	7655
2007	43817	13907	36648	31479	13639	12298	5542	5169	7169
2008	50340	16381	43082	37623	14772	13903	8948	5459	7258
2009	54574	17771	47486	41992	16271	15514	10207	5494	7088
2010	57849	19057	50863	45427	17649	17108	10670	5436	6986
2011	60683	20209	53934	48425	19050	18650	10725	5509	6749
2012	64672	21783	58263	52550	21060	19905	11585	5713	6409
2013	67870	23034	61824	56093	22668	20882	12543	5731	6046
2014	68727	23707	63117	57294	24335	21557	11402	5823	5610

续表 3-1

年份 Year	总计 Total	其中：女性 Of which: Female	干部 Cadres						
			合计 Total	专业技术人员 Professional and technical staff				行政管理人员 Administrative staff	工人 Workers
				小计 Subtotal	高级 Senior	中级 Middle level	初级及未定 Junior and others		
2015	69013	24183	63521	57602	25333	21693	10576	5919	5492
2016	70023	24853	64625	58697	26521	22289	9887	5928	5398
2017	71038	25556	65781	59736	28148	22123	9465	6045	5257
2018	69111	20335	65044	59108	29177	21816	8115	5936	4067
2019	69745	25034	65946	59974	30159	21808	8007	5972	3799
2020	70192	25263	66728	60601	31459	21161	7981	6127	3464

注：1. 1949～1978 年专业技术人员中，高级、中级、初级仅包括科研人员和高校教学人员，因此专业技术人员小计>高级+中级+初级。

Note: The data of senior, middle level and junior in the category of professional and technical staff from 1949 to 1978 only include research and technical people and teaching staff in the universities. Therefore, the total number of professional and technical staff is more than that of the senior, middle and junior level.

2. 女性职工 1949～1978 年无统计数据。1967～1972 年全院职工分类无统计数据。

The statistical data for female staff from 1949 to 1978 and that for the total CAS staff from 1967 to 1972 are not available.

3. 自 2002 年起，在职职工人数的统计范围仅指院属事业单位在编职工。

Since 2002, the number of regular staff only refers to all the regular staff of CAS institutions.

4. 自 2008 年起，事业单位在职职工人数的统计范围是指院属事业单位在编职工和项目聘用人员。

Since 2008, the number of regular staff includes both the regular staff of all CAS institutions and the staff by project contract.

3-2 事业单位在职职工及
CAS Regular Staff and

单位：人

系统及单位 System and unit	在职职工总计 Regular staff total	其中：女性 Of which: Female
总计 Total	**70192**	**25263**
一、按系统分 By system		
（一）科研机构 Research units		
数学、物理 Mathematics & physics	11417	3489
化学与化工 Chemistry & chemical engineering	7959	2857
地学 Earth sciences	8160	2831
生物学 Biological sciences	10848	5440
技术科学 Technological sciences	24231	7504
其他 Others	306	136
（二）学校及公共支撑机构 Universities and public supporting organizations		
技术支撑 Supporting organizations	492	233
学校 Universities	4027	1197
文献情报、新闻出版 Documentation,information & publication	626	404
服务与福利 Service & welfare	1113	833
（三）管理机构 Management organizations		
中国科学院本部 CAS Headquarters	501	171
地区管理部门 CAS Branches	512	168

离退休人员情况（2020 年）

Retired Personnel: 2020

（person）

干部 Cadres							工人 Workers	离、退休人员总数 Total retired personnel
合计 Total	专业技术人员 Professional and technical staff					行政管理人员 Adminis-trative staff		
	小计 Subtotal	高级 Senior	其中：正高级 Of which: Full professorship	中级 Middle level	初级及未定 Junior and others			
66728	**60601**	**31459**	**11193**	**21161**	**7981**	**6127**	**3464**	**45597**
10799	9908	5546	1902	3403	959	891	618	8560
7667	7216	3987	1310	2166	1063	451	292	5133
7845	7106	4179	1706	2364	563	739	315	5779
10541	9587	4530	1793	3646	1411	954	307	6438
22905	21339	9961	3168	8196	3182	1566	1326	13228
306	269	167	66	99	3	37		114
491	462	212	27	185	65	29	1	56
3824	3216	2464	1103	704	48	608	203	2872
623	554	230	65	255	69	69	3	404
802	756	47	2	105	604	46	311	1044
496	78	73	29	5		418	5	664
429	110	63	22	33	14	319	83	1305

系统及单位 System and unit	在职职工 总计 Regular staff total	其中： 女性 Of which: Female
二、按单位分 By unit		
北京市 Beijing		
数学与系统科学研究院 Academy of Mathematics and Systems Science	302	93
物理研究所 Inst. of Physics	502	129
声学研究所 Inst. of Acoustics	860	267
理论物理研究所 Inst. of Theoretical Physics	63	19
理化技术研究所 Technical Inst. of Physics and Chemistry	512	168
高能物理研究所 Inst. of High Energy Physics	1521	508
国家天文台 National Astronomical Observatories of China	1409	456
力学研究所 Inst. of Mechanics	430	112
化学研究所 Inst. of Chemistry	541	235
生态环境研究中心 Research Center for Eco-Environmental Sciences	501	208
国家纳米科学中心 National Center for Nanoscience and Technology	291	143
过程工程研究所 Inst. of Process Engineering	720	327
地理科学与资源研究所 Inst. of Geographic Sciences and Natural Resources Research	674	213
青藏高原研究所 Inst. of Tibetan Plateau Research	255	100
地质与地球物理研究所 Inst. of Geology and Geophysics	548	150
古脊椎动物与古人类研究所 Inst. of Vertebrate Paleontology and Paleoanthropology	169	73
大气物理研究所 Inst. of Atmospheric Physics	514	216

续表 3-2

干部 Cadres							工人 Workers	离、退休人员总数 Total retired personnel
合计 Total	专业技术人员 Professional and technical staff					行政管理人员 Adminis-trative staff		
	小计 Subtotal	高级 Senior	其中：正高级 Of which: Full professorship	中级 Middle level	初级及未定 Junior and others			
296	241	200	118	40	1	55	6	299
481	434	400	157	31	3	47	21	519
849	809	372	127	367	70	40	11	577
62	54	44	29	7	3	8	1	40
495	449	268	102	173	8	46	17	412
1461	1347	857	224	409	81	114	60	1256
1302	1197	628	218	434	135	105	107	620
415	386	255	80	115	16	29	15	498
528	500	382	103	116	2	28	13	508
493	467	250	121	199	18	26	8	307
291	262	186	78	65	11	29		5
712	663	462	83	162	39	49	8	314
663	610	464	182	140	6	53	11	541
255	228	127	56	62	39	27		4
533	469	338	141	113	18	64	15	529
169	159	116	43	40	3	10		130
504	483	371	134	111	1	21	10	320

系统及单位 System and unit	在职职工 总计 Regular staff total	其中： 女性 Of which: Female
植物研究所 Inst. of Botany	573	296
动物研究所 Inst. of Zoology	432	226
心理研究所 Inst. of Psychology	208	119
微生物研究所 Inst. of Microbiology	494	285
生物物理研究所 Inst. of Biophysics	547	329
遗传与发育生物学研究所 Inst. of Genetics and Developmental Biology	534	265
北京基因组研究所 Beijing Inst. of Genomics	198	120
计算技术研究所 Inst. of Computing Technology	687	231
计算机网络信息中心 Computer Network Information Center	492	233
软件研究所 Inst. of Software	740	302
信息工程研究所 Inst. of Information Engineering	859	361
半导体研究所 Inst. of Semiconductors	702	231
微电子研究所 Inst. of Microelectronics	972	359
空天信息创新研究院 Aerospace Information Research Institute	2108	671
电工研究所 Inst. of Electrical Engineering	508	178
工程热物理研究所 Inst. of Engineering Thermophysics	520	132
国家空间科学中心 National Space Science Center	747	281
空间应用工程与技术中心 Technology and Engineering Center for Space Utilization	348	135

续表 3-2

干部 Cadres							工人 Workers	离、退休人员总数 Total retired personnel
合计 Total	专业技术人员 Professional and technical staff					行政管理人员 Adminis-trative staff		
	小计 Subtotal	高级 Senior	其中：正高级 Of which: Full professorship	中级 Middle level	初级及未定 Junior and others			
557	503	256	97	228	19	54	16	518
429	366	200	86	148	18	63	3	356
205	176	135	48	40	1	29	3	101
489	452	244	81	197	11	37	5	324
538	478	302	93	160	16	60	9	453
510	460	253	89	183	24	50	24	454
193	170	52	28	107	11	23	5	3
665	633	291	92	268	74	32	22	893
491	462	212	27	185	65	29	1	56
734	702	230	83	235	237	32	6	264
859	817	278	87	442	97	42		2
648	608	282	123	253	73	40	54	643
940	910	488	150	318	104	30	32	588
2084	1995	847	263	873	275	89	24	980
500	464	206	63	195	63	36	8	376
520	486	194	60	235	57	34		139
738	692	417	111	238	37	46	9	482
346	317	155	45	151	11	29	2	22

系统及单位 System and unit	在职职工总计 Regular staff total	其中：女性 Of which: Female
自动化研究所 Inst. of Automation	1062	372
自然科学史研究所 Inst. of History of Natural Sciences	91	38
科技战略咨询研究院 Inst. of Science and Development	215	98
北京综合研究中心 Beijing Advanced Sciences and Innovation Centre	13	4
中国科学院本部 CAS Headquarters	501	171
行政管理局 Bureau of Administration and Logistics	1091	830
中国科学院大学 University of CAS	945	435
文献情报中心 National Science Library	535	341
中国科学报社 China Science Daily	91	63
国际欧亚科学院中国科学中心 The China Science Center of International Eurasian Academy of Sciences	3	3
天津市 Tianjin		
天津工业生物技术研究所 Tianjin Inst. of Industrial Biotechnology	259	146
山西省 Shanxi Province		
山西煤炭化学研究所 Shanxi Inst. of Coal Chemistry	474	159
辽宁省、山东省 Liaoning Province and Shandong Province		
大连化学物理研究所 Dalian Inst. of Chemical Physics	1526	549
沈阳应用生态研究所 Shenyang Inst. of Applied Ecology	415	193
沈阳自动化研究所 Shenyang Inst. of Automation	1270	151

续表 3-2

干部 Cadres							工人 Workers	离、退休人员总数 Total retired personnel
合计 Total	专业技术人员 Professional and technical staff					行政管理人员 Adminis-trative staff		
	小计 Subtotal	高级 Senior	其中：正高级 Of which: Full professorship	中级 Middle level	初级及未定 Junior and others			
1055	1023	400	113	451	172	32	7	277
91	74	50	20	23	1	17		66
215	195	117	46	76	2	20		48
13	1				1	12		
496	78	73	29	5		418	5	664
795	756	47	2	105	604	39	296	1001
934	664	552	260	109	3	270	11	593
532	483	206	63	224	53	49	3	390
91	71	24	2	31	16	20		14
3						3		
257	232	100	37	114	18	25	2	
448	406	193	69	195	18	42	26	546
1435	1400	764	233	301	335	35	91	857
399	371	182	83	131	58	28	16	336
1093	999	531	124	387	81	94	177	485

系统及单位 System and unit	在职职工 总计 Regular staff total	其中： 女性 Of which: Female
金属研究所 Inst. of Metal Research	1569	432
海洋研究所 Inst. of Oceanology	712	240
青岛疗养院 Qingdao Sanatorium	2	
青岛生物能源与过程研究所 Qingdao Inst. of Bioenergy and Bioprocess Technology	307	99
烟台海岸带研究所 Yantai Inst. of Coastal Zone Research	234	102
沈阳分院 Shenyang Branch	35	12
吉林省 Jilin Province		
长春应用化学研究所 Changchun Inst. of Applied Chemistry	814	259
东北地理与农业生态研究所 Northeast Inst. of Geography and Agroecology	403	164
长春光学精密机械与物理研究所 Changchun Inst. of Optics，Fine Mechanics and Physics	1984	331
长春分院 Changchun Branch	36	15
上海市、福建省、浙江省 Shanghai, Fujian Province and Zhejiang Province		
上海应用物理研究所 Shanghai Inst. of Applied Physics	702	232
上海天文台 Shanghai Observatory	289	104
上海硅酸盐研究所 Shanghai Inst. of Ceramics	769	227
上海有机化学研究所 Shanghai Inst. of Organic Chemistry	533	211
分子细胞科学卓越创新中心 Shanghai Inst. of Biochemistry and Cell Biology	467	303
脑科学与智能技术卓越创新中心 Center for Excellence in Brain Science and Intelligence Technology	482	274

续表 3-2

干部 Cadres							工人 Workers	离、退休人员总数 Total retired personnel
合计 Total	专业技术人员 Professional and technical staff					行政管理人员 Administrative staff		
	小计 Subtotal	高级 Senior	其中：正高级 Of which: Full professorship	中级 Middle level	初级及未定 Junior and others			
1167	1094	577	188	228	289	73	402	829
686	652	380	125	240	32	34	26	671
							2	10
301	279	179	56	99	1	22	6	
233	215	99	35	83	33	18	1	
32	14	10	5	1	3	18	3	80
752	708	404	133	250	54	44	62	745
387	347	165	84	98	84	40	16	256
1835	1818	1059	325	641	118	17	149	2663
33	16	13	3	3		17	3	48
650	615	272	79	216	127	35	52	779
287	260	192	76	60	8	27	2	259
713	658	326	109	246	86	55	56	667
520	487	286	93	151	50	33	13	715
458	431	176	76	167	88	27	9	506
480	451	111	50	148	192	29	2	41

系统及单位 System and unit	在职职工 总计 Regular staff total	其中： 女性 Of which: Female
分子植物科学卓越创新中心 CAS Center for Excellence in Molecular Plant Sciences	412	237
上海营养与健康研究所 Shanghai Inst. of Nutrition And Health	424	239
上海巴斯德研究所 Inst. Pasteur of Shanghai	146	76
上海微系统与信息技术研究所 Shanghai Inst. of Microsystem and Information Technology	747	238
上海光学精密机械研究所 Shanghai Inst. of Optics and Fine Mechanics	1023	310
上海技术物理研究所 Shanghai Inst. of Technical Physics	930	324
上海药物研究所 Shanghai Inst. of Materia Medica	1062	647
上海高等研究院 Shanghai Advanced Research Institute	954	339
微小卫星创新研究院 Innovation Academy for Microsatellites	652	230
宁波材料技术与工程研究所 Ningbo Inst. of Material Technology and Engineering	806	283
福建物质结构研究所 Fujian Inst. of Research on the Structure of Matter	823	246
城市环境研究所 Inst. of Urban Environment	236	108
上海分院 Shanghai Branch	51	16
江苏省 Jiangsu Province		
紫金山天文台 Purple Mountain Observatory	336	93
南京地理与湖泊研究所 Nanjing Inst. of Geography and Limnology	271	75
南京地质古生物研究所 Nanjing Inst. of Geology and Palaeontology	187	74
南京土壤研究所 Nanjing Inst. of Soil Science	270	81

续表 3-2

干部 Cadres							工人 Workers	离、退休人员总数 Total retired personnel
合计 Total	专业技术人员 Professional and technical staff					行政管理人员 Adminis-trative staff		
	小计 Subtotal	高级 Senior	其中：正高级 Of which: Full professorship	中级 Middle level	初级及未定 Junior and others			
403	377	194	90	153	30	26	9	432
413	375	164	70	152	59	38	11	501
144	118	50	31	31	37	26	2	
708	669	284	117	216	169	39	39	417
956	901	427	118	300	174	55	67	838
917	860	388	160	330	142	57	13	709
1036	955	341	147	351	263	81	26	376
953	905	418	143	385	102	48	1	10
649	630	153	49	393	84	19	3	1
775	688	339	105	219	130	87	31	6
821	781	373	146	206	202	40	2	314
236	211	85	33	79	47	25		
45	9	8	1	1		36	6	215
318	300	133	61	137	30	18	18	283
264	241	142	53	96	3	23	7	167
181	167	91	44	53	23	14	6	216
262	240	166	68	67	7	22	8	309

系统及单位 System and unit	在职职工总计 Regular staff total	其中：女性 Of which: Female
苏州纳米技术与纳米仿生研究所 Suzhou Inst. of Nano-Tech and Nano-Bionics	586	201
苏州生物医学工程技术研究所 Suzhou Inst. of Biomedical Engineering and Technology	430	91
南京分院 Nanjing Branch	31	9
安徽省 Anhui Province		
合肥物质科学研究院 Hefei Institutes of Physical Sciences	2462	766
中国科学技术大学 University of Science and Technology of China	3082	762
江西省 Jiangxi Province		
庐山疗养院 Lushan Sanatorium	20	3
湖北省 Hubei Province		
精密测量科学与技术创新研究院 Innovation Academy for Precision Measurement Science and Technology	508	155
武汉岩土力学研究所 Wuhan Inst. of Rock and Soil Mechanics	328	55
武汉植物园 Wuhan Botanical Garden	236	101
水生生物研究所 Inst. of Hydrobiology	332	130
武汉病毒研究所 Wuhan Inst. of Virology	248	133
武汉分院 Wuhan Branch	56	18
广东省、湖南省、海南省 Guangdong Province, Hunan Province and Hainan Province		
亚热带农业生态研究所 Inst. of Subtropical Agriculture	197	64
广州地球化学研究所 Guangzhou Inst. of Geochemistry	364	140

续表 3-2

干部 Cadres							工人 Workers	离、退休人员总数 Total retired personnel
合计 Total	专业技术人员 Professional and technical staff					行政管理人员 Adminis-trative staff		
	小计 Subtotal	高级 Senior	其中：正高级 Of which: Full professorship	中级 Middle level	初级及未定 Junior and others			
586	548	191	72	163	194	38		3
430	429	187	75	140	102	1		2
27	5	3	3	2		22	4	46
2319	2125	1015	330	830	280	194	143	1512
2890	2552	1912	843	595	45	338	192	2279
7						7	13	33
490	414	296	111	98	20	76	18	407
290	263	163	52	86	14	27	38	350
220	205	102	33	92	11	15	16	140
321	288	181	81	93	14	33	11	239
244	212	95	38	74	43	32	4	143
46	7	4	1	3		39	10	172
174	164	110	44	43	11	10	23	85
347	302	158	69	108	36	45	17	326

系统及单位 System and unit	在职职工 总计 Regular staff total	其中： 女性 Of which: Female
南海海洋研究所 South China Sea Inst. of Oceanology	674	189
华南植物园 South China Botanical Garden	463	211
广州能源研究所 Guangzhou Inst. of Energy Conversion	359	146
广州生物医药与健康研究院 Guangzhou Institutes of Biomedicine and Health	283	129
深圳先进技术研究院 Shenzhen Institutes of Advanced Technology	1465	652
深海科学与工程研究所 Inst. of Deep-sea Science and Engineering	226	64
广州分院 Guangzhou Branch	32	10
四川省 Sichuan Province		
成都山地灾害与环境研究所 Chengdu Inst. of Mountain Hazards and Environment	269	85
成都生物研究所 Chengdu Inst. of Biology	320	117
光电技术研究所 Inst. of Optics and Electronics	1196	310
重庆绿色智能技术研究院 Chongqing Inst. of Green and Intelligent Technology	335	103
成都分院 Chengdu Branch	61	19
云南省、贵州省 Yunnan Province and Guizhou Province		
地球化学研究所 Inst. of Geochemistry	385	134
昆明植物研究所 Kunming Inst. of Botany	551	262
西双版纳热带植物园 Xishuangbanna Tropical Botanical Garden	397	155

干部 Cadres							工人 Workers	离、退休人员总数 Total retired personnel
合计 Total	专业技术人员 Professional and technical staff					行政管理人员 Administrative staff		
	小计 Subtotal	高级 Senior	其中：正高级 Of which: Full professorship	中级 Middle level	初级及未定 Junior and others			
593	544	248	112	253	43	49	81	422
420	380	149	62	144	87	40	43	307
351	316	165	67	135	16	35	8	147
270	237	76	40	117	44	33	13	2
1465	1167	424	168	333	410	298		
223	182	69	27	84	29	41	3	
32	10	5	2	4	1	22		44
262	230	139	61	82	9	32	7	245
312	278	148	56	117	13	34	8	311
1009	941	492	92	293	156	68	187	1339
334	287	137	46	146	4	47	1	
57	18	7	3	7	4	39	4	196
370	299	222	96	54	23	71	15	254
532	481	189	69	134	158	51	19	230
381	334	153	55	123	58	47	16	248

系统及单位 System and unit	在职职工 总计 Regular staff total	其中： 女性 Of which: Female
昆明动物研究所 Kunming Inst. of Zoology	357	184
昆明分院 Kunming Branch	29	14
陕西省 Shaanxi Province		
国家授时中心 National Time Service Center	545	173
西安光学精密机械研究所 Xi'an Inst. of Optics and Precision Mechanics	954	183
地球环境研究所 Inst. of Earth Environment	163	49
西安分院 Xi'an Branch	22	8
甘肃省、青海省 Gansu Province and Qinghai Province		
近代物理研究所 Inst. of Modern Physics	891	210
兰州化学物理研究所 Lanzhou Inst. of Chemical Physics	619	179
西北生态环境资源研究院 Northwest Inst. of Eco-Environment and Resources	1240	402
兰州分院 Lanzhou Branch	81	20
新疆维吾尔自治区 Xinjiang Uygur Autonomous Region		
新疆理化技术研究所 Xinjiang Technical Inst. of Physics and Chemistry	252	100
新疆生态与地理研究所 Xinjiang Inst. of Ecology and Geography	428	158
新疆分院 Xinjiang Branch	75	24

续表 3-2

干部 Cadres							工人 Workers	离、退休人员总数 Total retired personnel
合计 Total	专业技术人员 Professional and technical staff					行政管理人员 Adminis-trative staff		
	小计 Subtotal	高级 Senior	其中：正高级 Of which: Full professorship	中级 Middle level	初级及未定 Junior and others			
350	317	122	42	141	54	33	7	156
26	2	2	1			24	3	57
446	398	143	47	157	98	48	99	432
891	821	414	138	349	58	70	63	711
163	144	88	43	40	16	19		15
21	3	3	1			18	1	36
871	801	464	135	263	74	70	20	538
586	527	264	108	195	68	59	33	393
1180	1076	548	217	447	81	104	60	1092
51	14	7	1	6	1	37	30	217
244	228	140	67	78	10	16	8	186
414	366	217	108	134	15	48	14	215
56	12	1	1	6	5	44	19	194

3-3 事业单位在职职工年龄情况（2020 年）

Age Distribution of CAS Regular Staff: 2020

单位：人 （person）

	合计 Total	30 岁及以下 Aged under 30	31～35 岁 Aged 31-35	36～40 岁 Aged 36-40	41～45 岁 Aged 41-45	46～50 岁 Aged 46-50	51～55 岁 Aged 51-55	56～60 岁 Aged 56-60	60 岁以上 Aged over 60
在职职工总数 Total regular staff	**70192**	**10621**	**15994**	**16059**	**9692**	**6281**	**5999**	**5193**	**353**
科研机构 Research units	62921	9794	14716	14708	8506	5419	5105	4385	288
学校及公共支撑机构 Universities and public supporting organizations	6258	787	1165	1129	1026	739	701	654	57
管理机构 Management organizations	1013	40	113	222	160	123	193	154	8
专业技术人员 Various kinds of professional staff	**60601**	**9560**	**14599**	**14485**	**8495**	**5106**	**4380**	**3631**	**345**
科研机构 Research units	55425	8838	13578	13504	7651	4541	3871	3158	284
学校及公共支撑机构 Universities and public supporting organizations	4988	710	1004	944	812	546	470	445	57
管理机构 Management organizations	188	12	17	37	32	19	39	28	4
高级职称 Senior professionals	**31459**	**230**	**4122**	**9202**	**6649**	**4155**	**3614**	**3143**	**344**
科研机构 Research units	28370	149	3635	8544	6058	3743	3233	2725	283
学校及公共支撑机构 Universities and public supporting organizations	2953	81	485	624	562	398	353	393	57
管理机构 Management organizations	136		2	34	29	14	28	25	4
正高级 Full professorship	**11193**	**7**	**389**	**1915**	**2375**	**2076**	**2142**	**1948**	**341**
科研机构 Research units	9945	2	288	1704	2150	1879	1943	1699	280
学校及公共支撑机构 Universities and public supporting organizations	1197	5	101	210	221	190	183	230	57
管理机构 Management organizations	51			1	4	7	16	19	4
中级职称 Middle level professionals	**21161**	**3684**	**9240**	**4755**	**1622**	**793**	**673**	**393**	**1**
科研机构 Research units	19874	3490	8877	4526	1414	663	554	349	1
学校及公共支撑机构 Universities and public supporting organizations	1249	189	349	227	206	126	111	41	
管理机构 Management organizations	38	5	14	2	2	4	8	3	

3-4　事业单位在职职工学位和学历情况（2020 年）

CAS Regular Staff, by Academic Degree and Qualification: 2020

单位：人　　（person）

	学位 Academic degrees			学历 Academic qualification					
	博士 Ph.D.	硕士 MS	学士 Bachelor	研究生 Post graduates	大学 University graduates	大专 Specialized higher school graduates	中专 Specialized secondary school graduates	其他 Others
总计 Total	**31058**	**21550**	**8169**	**51776**	**11827**	**3367**	**752**	**2470**
科研机构 Research units	28028	19787	7188	47096	10092	2928	686	2119
数学、物理 Mathematics & physics	5423	3009	1261	8261	1945	568	131	512
化学与化工 Chemistry & chemical engineering	3829	2107	1095	5857	1354	413	78	257
地学 Earth sciences	4919	1457	741	6376	1039	361	70	314
生物学 Biological sciences	5059	3098	1351	8052	1883	535	96	282
技术科学 Technological sciences	8586	10049	2725	18271	3850	1046	310	754
其他 Others	212	67	15	279	21	5	1	
学校及公共支撑机构 Universities and public supporting organizations	2798	1378	826	4088	1444	375	53	298
管理机构 Management organizations	232	385	155	592	291	64	13	53

主要统计指标解释

1. 事业单位在职职工

指由本机构直接组织安排工作并支付工资的年末在册各类人员。不包括离、退休人员。

2. 专业技术人员

指聘任了专业技术职务或专业技术职务见习期内的人员。

高级：指研究员、副研究员；教授、副教授；高级工程师；高级农艺师；正、副主任医（药、护、技）师；高级实验师；高级统计师；高级经济师；高级会计师；正、副编审；正、副译审；高级（主任）记者；正、副研究馆员等。

中级：指助理研究员；讲师；工程师；农艺师；主治医（药、护、技）师；实验师；统计师；经济师；会计师；编辑；翻译；记者；馆员等。

初级：指研究实习员；助教；助理工程师、技术员；助理农艺师、农业技术员；医（药、护、技）师、医（药、护、技）士；助理实验师、实验员；助理统计师、统计员；助理经济师；助理会计师、会计员；助理编辑、见习编辑；助理翻译；助理记者；助理馆员、管理员等。

3. 离、退休人员总数

指历年由本机构离、退休，并在本机构领取离、退休费的人员。

4. 学位和学历

指由人事部门或干部部门根据国家有关规定，填报的本机构职工总数中人员的学位和学历情况（均指获得的最高学位和最高学历）。

Explanatory Notes on Key Indicators

1. Regular staff

Regular staff refers to persons who are on the year-end payroll, working directly under the management of an institution or unit and receiving remuneration for their work. The retired are not included.

2. Professional and technical staff

This refers to those who have acquired professional or technical titles or who are in the probation period of those titles.

Senior: research fellow and associate research fellow, professor and associate professor, senior engineer, senior agronomist, chief (and associate chief) physician (pharmacist, nurse and technician), senior laboratorian, senior statistician, senior economist, senior accountant, senior editor and associate senior editor, translation editor and associate translation editor, senior journalist, senior librarian and associate librarian, and so on.

Middle level: research associate, lecturer, engineer, agronomist, physician (pharmacist, nurse and technician) in charge, laboratorian, statistician, economist, accountant, editor, translator, journalist, librarian, and so on.

Junior: research assistant, teaching assistant, assistant engineer, technician, assistant agronomist, agrotechnician, physician (pharmacist, nurse and technician), assistant laboratorian, laboratory technician, assistant physician (pharmacist, nurse and technician), assistant statistician, statistical clerk, assistant economist, assistant accountant, accounting clerk, assistant editor, internship,assistant translator, assistant journalist, library assistant, library clerk, and so on.

3. Total retired personnel

Total retired personnel refers to the total number of staff who retired from CAS and draw their pension from CAS.

4. Academic degrees and qualifications

This heading reflects the basic status of academic degrees and qualifications of the staff in a particular institution or unit, compiled by the personnel department according to relevant state regulations, and only the highest academic degrees and qualifications are recorded.

四、经　费

FUNDS

4-1 事业单位总收入、支出情况

Total Income and Expenditure of CAS Institutions

单位：万元 （ten thousand yuan）

年份 Year	总收入 Total income	比上年增长（%） Percentage of increase to that of last year	总支出 Total expenditure	比上年增长（%） Percentage of increase to that of last year
1986	89572	—	87591	13.0
1987	101817	13.7	93382	6.6
1988	126570	24.3	104103	11.5
1989	131026	3.5	115530	11
1990	149252	13.9	132041	14.3
1991	151004	1.2	145579	10.3
1992	188906	25.1	191372	31.5
1993	240277	27.2	237560	24.1
1994	290668	21	277266	16.7
1995	322500	11	313395	13
1996	324959	0.8	330587	5.5
1997	408797	25.8	364661	10.3
1998	493598	20.7	367110	0.7
1999	545206	10.5	426170	16.1
2000	713798	30.9	572464	34.3
2001	806083	12.9	696939	21.7
2002	1007421	25	877392	25.9
2003	977810	−2.9	990997	13
2004	1221649	24.9	1115258	12.5
2005	1275183	4.4	1241790	11.3
2006	1455250	14.1	1310501	5.5
2007	1703971	17.1	1574835	20.2
2008	2115483	24.2	1837346	16.7
2009	2286105	8.1	2369638	29
2010	2661649	16.4	2675838	12.9
2011	3317606	24.6	3240279	21.1
2012	3912347	17.9	3694414	14
2013	4196918	7.3	4073447	10.3
2014	4617999	10	4427000	8.7
2015	5062292	9.6	5036003	13.8
2016	5184076	2.4	4880397	−3.1
2017	5849601	12.8	5365882	9.9
2018	6456532	10.4	6057982	12.9
2019	7832441	21.3	7341924	21.2
2020	8149513	4.1	7577705	3.2

注：1. 以中国科学院财务决算口径统计。
Note: Based on the specifications for CAS final financial accounts.

2. 1997 年起开始执行国家颁布的“科学事业单位财务制度”。
Since 1997, the “Financial System for Scientific Institutions” issued by the State has been implemented.

3. “总收入”不包括基本建设投资、教育事业费收入。
“The total income” does not include the investment of capital construction and education income.

4. 自 2001 年起，事业单位总收入和总支出中包括转制单位的财政补助收入及支出。
Since 2001, the total income and expenditure of CAS scientific institutions has included the financial subsidiary income and expenditure of these transfered institutions.

4-2 事业单位总

Total Income

单位：万元

系统及单位 System and unit	合计 Total	财政补助收入 Financial subsidiary income	拨入专款 Special funds allocated
总计 Total	**8149513**	**3518269**	**77299**
一、按系统分 By system			
（一）科研机构 Research units	7454236	3149952	60373
数学、物理 Mathematics & physics	1328452	663624	8634
化学与化工 Chemistry & chemical engineering	835198	409649	13280
地学 Earth sciences	775652	418532	8217
生物学 Biological sciences	1192365	567417	15900
技术科学 Technological sciences	3285860	1068498	13719
其他 Others	36709	22232	623
（二）学校及公共支撑机构 Universities and public supporting organizations	565301	284161	8162
技术支撑 Technical supporting organizations	86173	45705	10
学校 Universities	382942	175663	8123
文献情报、新闻出版 Documentation information & publication	57623	36535	29
服务与福利 Service & welfare	38563	26258	
（三）管理机构 Management organizations	108167	62507	8604
中国科学院本部 CAS Headquarters	63157	33491	7785
地区管理部门 CAS Branches	45010	29016	819
（四）其他 Others	21809	21649	160

收入情况（2020 年）

of CAS Institutions: 2020

（ten thousand yuan）

事业收入 Operating income					经营收入 Business income	其他收入 Other income
	科研收入 Scientific research income	技术收入 Technical income	试制产品收入 Income from trial-production of products	预算外资金收入 Income from non-budgetary funds		
4201221	**3438593**	**440370**	**301412**	**210**	**89926**	**262798**
3943840	3188277	436953	301412		82432	217639
561297	461998	49866	47886		37261	57636
389366	229698	100389	58020		4178	18725
320115	298639	18645			1953	26835
570565	485779	76280	269		1288	37195
2089155	1699290	191766	195237		37751	76737
13342	12873	7			1	511
252143	245446	3294			901	19934
37513	36612	887				2945
192573	192573				728	5855
20308	14512	2407			68	683
1749	1749				105	10451
5238	4870	123		210	6593	25225
2056	2056				2268	17557
3182	2814	123		210	4325	7668

系统及单位 System and unit	合计 Total	财政补助收入 Financial subsidiary income	拨入专款 Special funds allocated
二、按科研单位分 By institute			
北京市 Beijing	3068822	1382700	16128
数学与系统科学研究院 Academy of Mathematics and Systems Science	44359	27752	630
物理研究所 Inst. of Physics	91662	48241	1685
声学研究所 Inst. of Acoustics	176225	40339	83
理论物理研究所 Inst. of Theoretical Physics	9270	4920	14
理化技术研究所 Technical Inst. of Physics and Chemistry	89549	36470	160
高能物理研究所 Inst. of High Energy Physics	167316	138055	1556
国家天文台 National Astronomical Observatories of China	152827	83243	509
力学研究所 Inst. of Mechanics	82208	43918	646
化学研究所 Inst. of Chemistry	86106	42642	799
生态环境研究中心 Research Center for Eco-Environmental Sciences	60844	24697	885
国家纳米科学中心 National Center for Nanoscience and Technology	33506	19942	3
过程工程研究所 Inst. of Process Engineering	69742	32497	297
地理科学与资源研究所 Inst. of Geographic Sciences and Natural Resources Research	89029	48075	1423
青藏高原研究所 Inst. of Tibetan Plateau Research	46907	30333	217
地质与地球物理研究所 Inst. of Geology and Geophysics	88651	49652	98
古脊椎动物与古人类研究所 Inst. of Vertebrate Paleontology and Paleoanthropology	18939	12859	168
大气物理研究所 Inst. of Atmospheric Physics	52387	24908	1410

续表 4-2

事业收入 Operating income	科研收入 Scientific research income	技术收入 Technical income	试制产品收入 Income from trial-production of products	预算外资金收入 Income from non-budgetary funds	经营收入 Business income	其他收入 Other income
1561857	1299464	164779	90683		29603	78534
14905	14729					1072
38831	35129	2901			403	2502
131766	73330	10714	47722		689	3348
4336	4337					
44607	34568	10038			6679	1633
23749	20456	3229			2178	1778
65482	58065	7071	164		220	3373
35714	35714					1930
40403	29417	3730	7256			2262
32937	15702	17235				2325
12118	10707	1411				1443
35659	24544	8658	2035			1289
35070	33965					4461
15753	15753					604
35417	35417					3484
5347	4720	88				565
24100	19398	4583			678	1291

系统及单位 System and unit	合计 Total	财政补助收入 Financial subsidiary income	拨入专款 Special funds allocated
植物研究所 Inst. of Botany	42862	27005	729
动物研究所 Inst. of Zoology	68877	36063	594
心理研究所 Inst. of Psychology	24411	8691	356
微生物研究所 Inst. of Microbiology	57327	25108	218
生物物理研究所 Inst. of Biophysics	75851	40099	1215
遗传与发育生物学研究所 Inst. of Genetics and Developmental Biology	63535	32089	405
北京基因组研究所 Beijing Inst. of Genomics	15977	10795	46
计算技术研究所 Inst. of Computing Technology	107223	50386	100
软件研究所 Inst. of Software	57973	20788	33
信息工程研究所 Inst. of Information Engineering	127611	42920	3
半导体研究所 Inst. of Semiconductors	105428	32229	131
微电子研究所 Inst. of Microelectronics	95543	35276	24
空天信息创新研究院 Aerospace Information Research Institute	407574	140414	288
电工研究所 Inst. of Electric Engineering	60903	21861	29
工程热物理研究所 Inst. of Engineering Thermophysics	84092	28167	483
国家空间科学中心 National Space Science Center	113475	53050	31
空间应用工程与技术中心 Technology and Engineering Center for Space Utilization	66557	11031	3
自动化研究所 Inst. of Automation	97367	35953	234

续表 4-2

事业收入 Operating income	科研收入 Scientific research income	技术收入 Technical income	试制产品收入 Income from trial-production of products	预算外资金收入 Income from non-budgetary funds	经营收入 Business income	其他收入 Other income
14940	10909	3531				188
22217	21926				128	9875
14587	7155	7375				777
31116	23639	6817				885
33140	31726	1301				1397
29897	28947	613	269		58	1086
4945	4746	185				191
53868	53398					2869
30732	30496				69	6351
82297	82297					2391
58607	43135	15471			9498	4963
51761	25587	26174			6096	2386
259627	192091	33647	33237		1953	5292
38141	38141				529	343
53702	53702				186	1554
58142	58142				238	2014
54687	54688					836
59915	59915					1265

系统及单位 System and unit	合计 Total	财政补助收入 Financial subsidiary income	拨入专款 Special funds allocated
自然科学史研究所 Inst. of History of Natural Sciences	4089	3649	115
科技战略咨询研究院 Inst. of Science and development	26598	16488	508
北京综合研究中心 Beijing Advanced Sciences and Innovation Centre	5533	2095	
国际欧亚科学院中国科学中心 The China Science Center of International Eurasian Academy of Sciences	489		
天津市 Tianjin	45629	6766	233
天津工业生物技术研究所 Tianjin Inst. of Industrial Biotechnology	45629	6766	233
山西省 Shanxi Province	36519	14797	276
山西煤炭化学研究所 Shanxi Inst. of Coal Chemistry	36519	14797	276
辽宁省、山东省 Liaoning Province and Shandong Province	644538	255480	5694
大连化学物理研究所 Dalian Inst. of Chemical Physics	168257	79477	2921
沈阳应用生态研究所 Shenyang Inst. of Applied Ecology	28203	14509	273
沈阳自动化研究所 Shenyang Inst. of Automation	171259	48342	546
金属研究所 Inst. of Metal Research	175291	61303	1596
海洋研究所 Inst. of Oceanology	64217	32598	51
青岛生物能源与过程研究所 Qingdao Inst. of Bioenergy And Bioprocess Technology	23790	12167	115
烟台海岸带研究所 Yantai Inst. of Coastal Zone Research	13521	7084	192
吉林省 Jilin Province	432974	147084	1534
长春应用化学研究所 Changchun Inst. of Applied Chemistry	89758	59902	1145
东北地理与农业生态研究所 Northeast Inst. of Geography and Agroecology	26235	14052	139
长春光学精密机械与物理研究所 Changchun Inst. of Optics, Fine Mechanics and Physics	316981	73130	250
上海市、福建省、浙江省 Shanghai, Fujian Province and Zhejiang Province	1454647	571244	14160

续表 4-2

事业收入 Operating income					经营收入 Business income	其他收入 Other income
	科研收入 Scientific research income	技术收入 Technical income	试制产品收入 Income from trial-production of products	预算外资金收入 Income from non-budgetary funds		
318	306	7			1	6
9242	9142					360
3425	3425					13
357						132
37760	37630	129				870
37760	37630	129				870
18381	10379	2088	5890		1233	1832
18381	10379	2088	5890		1233	1832
371531	158772	58859	152531			11833
83582	45306	25332	12817			2277
12607	11891	238				814
119140	26020	12358	80693			3231
110356	32206	18624	59021			2036
29622	28032	1400				1946
10194	9318	876				1314
6030	5999	31				215
277743	266100	8026	3110		189	6424
28488	17202	8026	3110		189	34
11799	11788					245
237456	237110					6145
800945	659714	105456	33581		29332	38966

系统及单位 System and unit	合计 Total	财政补助收入 Financial subsidiary income	拨入专款 Special funds allocated
上海应用物理研究所 Shanghai Inst. of Applied Physics	52083	31481	90
上海天文台 Shanghai Observatory	37858	13296	23
上海硅酸盐研究所 Shanghai Inst. of Ceramics	106157	37740	390
上海有机化学研究所 Shanghai Inst. of Organic Chemistry	71776	37222	4475
上海营养与健康研究所 Shanghai Institute of Nutrition and Health	63453	29630	782
上海微系统与信息技术研究所 Shanghai Inst. of Microsystem and Information Technology	118050	45397	662
上海光学精密机械研究所 Shanghai Inst. of Optics and Fine Mechanics	110566	44551	302
上海技术物理研究所 Shanghai Inst. of Technical Physics	176491	35652	313
上海药物研究所 Shanghai Inst. of Materia Medica	110896	35575	395
上海高等研究院 Shanghai Advanced Research Institute	192335	71249	109
微小卫星创新研究院 Innovation Academy for Microsatellites	80848	57470	2
脑科学与智能技术卓越创新中心 Center for Excellence in Brain Science and Intelligence Technology	68734	21718	233
分子植物科学卓越创新中心 Center for Excellence in Molecular Plant Sciences	50475	28645	187
分子细胞科学卓越创新中心 Center for Excellence in Molecular Cell Science	54216	28624	658
福建物质结构研究所 Fujian Inst. of Research on the Structure of Matter	47495	23578	1600
城市环境研究所 Institute of Urban Environment	18684	9710	2
宁波材料技术与工程研究所 Ningbo Inst. of Material Technology and Engineering	94530	19706	3937
江苏省 Jiangsu Province	180115	84674	4146
紫金山天文台 Purple Mountain Observatory	29643	19669	162
南京地理与湖泊研究所 Nanjing Inst. of Geography and Limnology	27144	11894	226

续表 4-2

事业收入 Operating income					经营收入 Business income	其他收入 Other income
	科研收入 Scientific research income	技术收入 Technical income	试制产品收入 Income from trial-production of products	预算外资金收入 Income from non-budgetary funds		
13003	4478	8454			6981	528
22984	22965				909	646
63954	20560	22400	20877		656	3417
28255	14225	7740	6035		661	1163
30211	26334	3541				2830
64681	51687	10902	2092		5343	1967
52170	40900	7724	3546		12320	1223
138231	135362	2870				2295
73178	56307	16624				1748
104118	90477	13623	19		1351	15508
23007	23007					369
46107	45767	295				676
20831	19785	668				812
23344	19659	3156				1590
19629	16714	2853			1101	1587
8555	7477	1070			10	407
68687	64010	3536	1012			2200
82416	58773	23189			215	8664
8258	8065				42	1512
12783	12574	155				2241

系统及单位 System and unit	合计 Total	财政补助收入 Financial subsidiary income	拨入专款 Special funds allocated
南京地质古生物研究所 Nanjing Inst. of Geology and Palaeontology	16917	13352	77
南京土壤研究所 Nanjing Inst. of Soil Science	31053	14167	183
苏州生物医学工程技术研究所 Suzhou Institute of Biomedical Engineering and Technology	23989	12201	1926
苏州纳米技术与纳米仿生研究所 Suzhou Inst. of Nano-Tech and Nano-Bionics	51369	13391	1572
安徽省 Anhui Province	219855	86339	2704
合肥物质科学研究院 Hefei Institutes of Physical Sciences	219855	86339	2704
湖北省 Hubei Province	193772	99082	349
武汉岩土力学研究所 Wuhan Inst. of Rock and Soil Mechanics	34077	14908	12
武汉植物园 Wuhan Botanical Garden	20067	14312	154
水生生物研究所 Inst. of Hydrobiology	51476	19257	68
武汉病毒研究所 Wuhan Inst. of Virology	40103	22725	90
精密测量科学与技术创新研究院 Innovation Academy for Precision Measurement Science and Technology	48049	27880	25
广东省、湖南省、海南省 Guangdong Province, Hunan Province and Hainan Province	343978	138128	6694
广州地球化学研究所 Guangzhou Inst. of Geochemistry	33743	15480	723
南海海洋研究所 South China Sea Inst. of Oceanology	67549	27902	2100
华南植物园 South China Botanical Garden	29808	15911	1443
广州能源研究所 Guangzhou Inst. of Energy Conversion	30437	12280	11
广州生物医药与健康研究院 Guangzhou Institutes of Biomedicine and Health	31531	14112	26
亚热带农业生态研究所 Inst. of Subtropical Agriculture	16823	8235	9

续表 4-2

事业收入 Operating income	科研收入 Scientific research income	技术收入 Technical income	试制产品收入 Income from trial-production of products	预算外资金收入 Income from non-budgetary funds	经营收入 Business income	其他收入 Other income
3079	2655	367				409
15605	14913	541				1098
8857	8857					1005
33834	11709	22126			173	2399
79396	76011	3356			18817	32599
79396	76011	3356			18817	32599
90667	88540	1075				3674
18433	18433					724
5265	4097	340				336
31152	30427	630				999
16703	16539	105				585
19114	19044					1030
187987	161929	24059			1419	9750
13591	13497	55			283	3666
36484	28704	7755			398	665
10215	8696	139			679	1560
16864	16864				59	1223
16570	16121	353				823
7761	6339	1390				818

系统及单位 System and unit	合计 Total	财政补助收入 Financial subsidiary income	拨入专款 Special funds allocated
深圳先进技术研究院 Shenzhen Institute of Advanced Technology	79673	20443	2380
深海科学与工程研究所 Institute of Deep-sea Science and Engineering	54414	23765	2
四川省 Sichuan Province	236806	60079	1855
成都山地灾害与环境研究所 Chengdu Inst. of Mountain Hazards and Environment	30680	12727	207
成都生物研究所 Chengdu Inst. of Biology	20785	11797	90
光电技术研究所 Inst. of Optics and Electronics	185341	35555	1558
重庆市 Chongqing	16149	7310	2
重庆绿色智能技术研究院 Chongqing Institutes of Green and Intelligent Technology	16149	7310	2
云南省、贵州省 Yunnan Province and Guizhou Province	136023	76077	4737
昆明植物研究所 Kunming Inst. of Botany	37280	21300	17
昆明动物研究所 Kunming Inst. of Zoology	40277	17493	3856
西双版纳热带植物园 Xishuangbanna Tropical Botanical Garden	33533	22329	251
地球化学研究所 Inst. of Geochemistry	24933	14955	613
陕西省 Shaanxi Province	177854	60885	468
西安光学精密机械研究所 Xi'an Inst. of Optics and Precision Mechanics	114120	33504	457
地球环境研究所 Inst. of Earth Environment	18049	9682	
国家授时中心 National Time Service Center	45685	17699	11
甘肃省、青海省 Gansu Province and Qinghai Province	209703	123907	931
近代物理研究所 Inst. of Modern Physics	69067	41880	335
兰州化学物理研究所 Lanzhou Inst. of Chemical Physics	51300	28824	475
青海盐湖研究所 Qinghai Inst. of Saline Lakes	13738	8331	14

续表 4-2

事业收入 Operating income	科研收入 Scientific research income	技术收入 Technical income	试制产品收入 Income from trial-production of products	预算外资金收入 Income from non-budgetary funds	经营收入 Business income	其他收入 Other income
56256	43005	12824				594
30246	28703	1543				401
169884	169513	343			109	4879
17296	17296					450
7321	6978	343				1577
145267	145239				109	2852
8230	7485	745				607
8230	7485	745				607
52245	43406	6907			124	2840
15557	15226	241				406
18365	16713	1594				563
10337	5349	3258				616
7986	6118	1814			124	1255
110731	63517	31596	15617			5770
75207	27993	31596	15617			4952
8009	8009					358
27515	27515					460
75894	74037	1181			1391	7580
23486	23475				343	3023
21061	20317	643			336	604
4899	4625	273			2	492

系统及单位 System and unit	合计 Total	财政补助收入 Financial subsidiary income	拨入专款 Special funds allocated
西北高原生物研究所 Northwest Inst. of Plateau Biology	15664	9469	9
西北生态环境资源研究院 Northwest Institute of Eco-Environment and Resources	59934	35403	98
新疆维吾尔自治区 Xinjiang Uygur Autonomous Region	56852	35400	462
新疆理化技术研究所 Xinjiang Technical Inst. of Physics and Chemistry	26768	15414	14
新疆生态与地理研究所 Xinjiang Inst. of Ecology and Geography	30084	19986	448

注：除“财政补助收入”外，其他各项收入均不含本单位转拨外单位经费。

Note: Except “the financial subsidiary income”, all other incomes do not include funds allocated by the institution

续表 4-2

事业收入 Operating income	科研收入 Scientific research income	技术收入 Technical income	试制产品收入 Income from trial-production of products	预算外资金收入 Income from non-budgetary funds	经营收入 Business income	其他收入 Other income
5709	5706				250	227
20739	19914	265			460	3234
18173	13007	5165				2817
8832	4728	4103				2508
9341	8279	1062				309

to other units.

4-3　事业单位总

Total Expenditure

单位：万元

系统及单位 System and institute	合计 Total	人员支出 Personnel expenditure	基本工资 Basic salary	补助工资 Subsidiary salary	其他工资 Other salaries
总计 Total	**7577705**	**2473606**	**267639**	**475525**	**188907**
一、按系统分 By system					
（一）科研机构 Research units	6912749	2271708	249697	449024	175871
数学、物理 Mathematics & physics	1251896	408226	46890	83753	14232
化学与化工 Chemistry & chemical engineering	794482	314241	34411	70290	14672
地学 Earth sciences	792772	306589	36420	62107	14072
生物学 Biological sciences	1135251	425493	48174	111564	24053
技术科学 Technological sciences	2907874	803776	81442	118135	108345
其他 Others	30474	13383	2360	3175	497
（二）学校及公共支撑机构 Universities and public supporting organization	541871	138077	8370	18780	12150
技术支撑 Technical supporting organizations	77159	19626	987	1450	8577
学校 Universities	367481	78430		12031	3452
文献情报、新闻出版 Documentation, information & publication	60540	21336	2397	4707	84
服务与福利 Service & welfare	36691	18685	4986	592	37
（三）管理机构 Management organizations	100979	43944	9572	7721	886
中国科学院本部 CAS Headquarters	58790	22319	6891	2978	2
地区管理部门 CAS Branches	42189	21625	2681	4743	884

支出情况（2020年）
of CAS Institutions: 2020

（ten thousand yuan）

社会保障费 Social security expenditure	公用支出 Public expenditure	公共运行费 Expenditure for public operation	科研业务费 Expenditure for professional activity	固定资产购置费 Expenditure for purchasing equipment	专款支出 Designated expenditure	经营支出 Operating expenses
494534	**4955015**	**436744**	**3540321**	**942642**	**68663**	**80421**
461525	4507924	390922	3253095	852613	57498	75619
83510	803183	65846	563484	173493	6099	34388
58106	463730	51032	276739	133254	13703	2808
62850	475978	41282	343061	91640	7711	2494
88640	692175	87650	453314	150380	16414	1169
165348	2056300	143825	1602765	302306	13039	34759
3071	16558	1287	13732	1540	532	1
25095	395970	35733	267256	87660	6739	1085
4615	57523	6031	43767	7726	10	
11181	281618	15272	197735	68612	6705	728
5174	39110	2469	25718	10924	24	70
4125	17719	11961	36	398		287
7914	49049	10084	17912	2369	4269	3717
3777	32203	2988	10243	315	3626	642
4137	16846	7096	7669	2054	643	3075

系统及单位 System and institute	合计 Total	人员支出 Personnel expenditure	基本工资 Basic salary	补助工资 Subsidiary salary	其他工资 Other salaries
（四）其他 Others	22106	19877			
二、按科研单位分 By institute					
北京市 Beijing	2837261	905972	93397	159290	79370
数学与系统科学研究院 Academy of Mathematics and Systems Science	34095	19668	1943	7427	718
物理研究所 Inst. of Physics	84730	29200	2887	6176	3059
声学研究所 Inst. of Acoustics	142485	38129	4127	4243	981
理论物理研究所 Inst. of Theoretical Physics	7364	2883	701	175	
理化技术研究所 Technical Inst. of Physics and Chemistry	89394	27120	2626	4402	22
高能物理研究所 Inst. of High Energy Physics	162692	53010	7174	12458	1884
国家天文台 National Astronomical Observatories of China	138973	49044	4057	8357	3874
力学研究所 Inst. of Mechanics	79692	20330	2251	3144	1728
化学研究所 Inst. of Chemistry	85488	24012	3006	5919	663
生态环境研究中心 Research Center for Eco-Environmental Sciences	71878	25134	2611	4363	1198
国家纳米科学中心 National Center for Nanoscience and Technology	31568	14953	1423	2683	560
过程工程研究所 Inst. of Process Engineering	68281	29411	2605	1521	863
地理科学与资源研究所 Inst. of Geographic Sciences and Natural Resources Research	82175	31888	1656	10193	1383
青藏高原研究所 Inst. of Tibetan Plateau Research	41941	15342	1059	1148	2829
地质与地球物理研究所 Inst. of Geology and Geophysics	102531	23338	4717	4585	1579

续表 4-3

社会保障费 Social security expenditure	公用支出 Public expenditure	公共运行费 Expenditure for public operation	科研业务费 Expenditure for professional activity	固定资产购置费 Expenditure for purchasing equipment	专款支出 Designated expenditure	经营支出 Operating expenses
	2072	5	2058		157	
200264	1889167	157382	1352655	377412	16289	25833
3233	13912	1842	10381	1689	515	
4091	53888	4563	27310	22016	1580	62
9227	104071	5692	91462	6553	112	173
533	4467	713	2938	816	14	
6346	56520	13837	37604	5079	145	5609
9916	105948	14241	60664	31043	1556	2178
13480	89693	3403	54840	31450	16	220
4243	58716	3475	48554	6687	646	
6408	61100	4907	35331	20862	376	
4507	45940	2638	34356	8946	804	
2910	16612	1493	9675	5444	3	
6313	38542	4607	21508	12427	328	
5828	49032	5614	38275	5144	1255	
3602	26523	949	20272	5302	76	
5613	79095	3868	58912	16315	98	

系统及单位 System and institute	合计 Total	人员支出 Personnel expenditure	基本工资 Basic salary	补助工资 Subsidiary salary	其他工资 Other salaries
古脊椎动物与古人类研究所 Inst. of Vertebrate Paleontology and Paleoanthropology	16399	7552	932	1500	671
大气物理研究所 Inst. of Atmospheric Physics	55264	23368	2494	4894	1117
植物研究所 Inst. of Botany	49096	22240	3020	5932	919
动物研究所 Inst. of Zoology	75405	17303	2330	3870	1371
心理研究所 Inst. of Psychology	27880	10724	1142	1647	128
微生物研究所 Inst. of Microbiology	52557	19209	2088	4950	456
生物物理研究所 Inst. of Biophysics	63490	22807	2947	4956	1195
遗传与发育生物学研究所 Inst. of Genetics and Developmental Biology	68399	22362	2436	7529	1999
北京基因组研究所 Beijing Inst. of Genomics	15676	8064	702	1186	426
计算技术研究所 Inst. of Computing Technology	91338	25580	2965	4642	2737
软件研究所 Inst. of Software	42522	18029	1651	1516	1286
信息工程研究所 Inst. of Information Engineering	107571	34186	2175	3888	10884
半导体研究所 Inst. of Semiconductors	87393	27226	2789	4462	2515
微电子研究所 Inst. of Microelectronics	85406	32834	3627	2565	4901
空天信息创新研究院 Aerospace Information Research Institute	347367	85675	8006	8561	14283
电工研究所 Inst. of Electric Engineering	55909	20446	1822	5124	1507
工程热物理研究所 Inst. of Engineering Thermophysics	76296	19509	1913	3780	
国家空间科学中心 National Space Science Center	98906	30536	1865	3028	11008
空间应用工程与技术中心 Technology and Engineering Center for Space Utilization	66687	14453	870	1702	129

续表 4-3

社会保障费 Social security expenditure	公用支出 Public expenditure	公共运行费 Expenditure for public operation	科研业务费 Expenditure for professional activity	固定资产购置费 Expenditure for purchasing equipment	专款支出 Designated expenditure	经营支出 Operating expenses
2303	8675	732	6302	1641	172	
4272	29345	1859	23161	4325	1332	1219
4664	25301	2892	16174	6235	1555	
3240	57380	3392	34969	19020	594	128
2018	16479	483	13803	2194	677	
4679	33127	7517	16108	9503	221	
4543	39677	4942	26369	8365	1006	
4972	45573	4152	32986	8435	405	59
3644	7517	1490	4885	1142	95	
6402	65703	7323	43507	14872	55	
4469	24364	1438	20800	2126	61	68
8239	73377	13900	50361	9061	8	
6381	51802	4006	37508	10287	128	8237
8179	47753	3727	34923	9103	794	4025
16793	259368	9074	221196	29098	372	1952
5515	33917	3620	25380	4918	29	1517
4825	56335	2853	36891	16592	282	170
8581	68087	3936	58029	4821	68	215
2177	52231	630	30855	20744	3	

系统及单位 System and institute	合计 Total	人员支出 Personnel expenditure	基本工资 Basic salary	补助工资 Subsidiary salary	其他工资 Other salaries
自动化研究所 Inst. of Automation	99939	27024	2420	3589	
自然科学史研究所 Inst. of History of Natural Sciences	3872	2530	480	787	37
科技战略咨询研究院 Inst. of Science and development	21490	9226	1407	1887	460
北京综合研究中心 Beijing Advanced Sciences and Innovation Centre	4669	1496	449	441	
国际欧亚科学院中国科学中心 The China Science Center of International Eurasian Academy of Sciences	443	131	24	60	
天津市 Tianjin	18793	10435	666	4306	3077
天津工业生物技术研究所 Tianjin Inst. of Industrial Biotechnology	18793	10435	666	4306	3077
山西省 Shanxi Province	35937	15750	2413	2755	349
山西煤炭化学研究所 Shanxi Inst. of Coal Chemistry	35937	15750	2413	2755	349
辽宁省、山东省 Liaoning Province and Shandong Province	633174	190879	21615	54978	18554
大连化学物理研究所 Dalian Inst. of Chemical Physics	157004	62027	5149	21358	7659
沈阳应用生态研究所 Shenyang Inst. of Applied Ecology	28426	9896	1563	2958	
沈阳自动化研究所 Shenyang Inst. of Automation	165406	35594	3814	8600	8111
金属研究所 Inst. of Metal Research	174242	44484	5010	10508	2301
海洋研究所 Inst. of Oceanology	63472	25430	3677	8338	3
青岛生物能源与过程研究所 Qingdao Inst. of Bioenergy And Bioprocess Technology	30734	6582	1377	2089	480
烟台海岸带研究所 Yantai Inst. of Coastal Zone Research	13890	6866	1025	1127	
吉林省 Jilin Province	393911	112895	13077	17668	886
长春应用化学研究所 Changchun Inst. of Applied Chemistry	84759	30465	4106	8016	366
东北地理与农业生态研究所 Northeast Inst. of Geography and Agroecology	26267	10922	1549	2671	520
长春光学精密机械与物理研究所 Changchun Inst. of Optics, Fine Mechanics and Physics	282885	71508	7422	6981	

续表 4-3

社会保障费 Social security expenditure	公用支出 Public expenditure	公共运行费 Expenditure for public operation	科研业务费 Expenditure for professional activity	固定资产购置费 Expenditure for purchasing equipment	专款支出 Designated expenditure	经营支出 Operating expenses
5047	72539	6287	52634	13617	376	
560	1239	163	778	298	102	1
2254	11834	812	10540	483	430	
247	3173		2414	759		
10	312	312				
1756	8313	983	4607	2722	45	
1756	8313	983	4607	2722	45	
2737	19998	2425	13569	4003	104	85
2737	19998	2425	13569	4003	104	85
39677	434467	31438	336662	63664	7828	
11479	92700	10203	60089	19704	2277	
2510	18257	2043	12766	3448	273	
7652	129305	3070	118111	8124	507	
10960	128123	10928	100257	16939	1635	
4236	37606	2703	26604	8299	436	
1069	21538	1753	14490	5295	2614	
1771	6938	738	4345	1855	86	
9085	279330	16539	226808	35984	1499	187
1904	52963	7778	25231	19954	1144	187
1581	15188	1893	11025	2271	157	
5600	211179	6868	190552	13759	198	

系统及单位 System and institute	合计 Total	人员支出 Personnel expenditure	基本工资 Basic salary	补助工资 Subsidiary salary	其他工资 Other salaries
上海市、福建省、浙江省 Shanghai, Fujian Province and Zhejiang Province	1293268	402416	43352	103230	18354
上海应用物理研究所 Shanghai Inst. of Applied Physics	57554	13585	2561	569	781
上海天文台 Shanghai Observatory	35735	13618	1433	5068	265
上海硅酸盐研究所 Shanghai Inst. of Ceramics	79400	32896	3321	2529	1662
上海有机化学研究所 Shanghai Inst. of Organic Chemistry	71813	26279	2540	9920	
上海营养与健康研究所 Shanghai Institute of Nutrition and Health	50859	23454	2371	4924	2293
上海微系统与信息技术研究所 Shanghai Inst. of Microsystem and Information Technology	102965	29250	3869	2616	3050
上海光学精密机械研究所 Shanghai Inst. of Optics and Fine Mechanics	113397	29364	3940	2735	2530
上海技术物理研究所 Shanghai Inst. of Technical Physics	172851	36419	3704	13917	20
上海药物研究所 Shanghai Inst. of Materia Medica	109178	36910	2515	19972	
上海高等研究院 Shanghai Advanced Research Institute	155579	36772	3983	10517	3186
微小卫星创新研究院 Innovation Academy for Microsatellites	76443	11379	1011	537	
脑科学与智能技术卓越创新中心 Center for Excellence in Brain Science and Intelligence Technology	46119	15842	1562	5284	830
分子植物科学卓越创新中心 Center for Excellence in Molecular Plant Sciences	45094	19538	1948	6214	1023
分子细胞科学卓越创新中心 Center for Excellence in Molecular Cell Science	46592	19260	1975	6165	1340
福建物质结构研究所 Fujian Inst. of Research on the Structure of Matter	46942	27637	3385	4286	116
城市环境研究所 Institute of Urban Environment	23187	6189	510	2281	1253
宁波材料技术与工程研究所 Ningbo Inst. of Material Technology and Engineering	59560	24024	2724	5696	5
江苏省 Jiangsu Province	175751	68930	8817	15769	1364
紫金山天文台 Purple Mountain Observatory	29606	12899	1491	4324	45

续表 4-3

社会保障费 Social security expenditure	公用支出 Public expenditure	公共运行费 Expenditure for public operation	科研业务费 Expenditure for professional activity	固定资产购置费 Expenditure for purchasing equipment	专款支出 Designated expenditure	经营支出 Operating expenses
86346	847990	89226	603013	155034	15290	27572
4362	36918	4155	27031	5732	106	6945
3212	21989	1030	16791	4168	128	
8044	45463	5525	25057	14881	390	651
5072	38566	4883	26321	7362	6435	533
4614	26768	3997	16669	5435	637	
5996	67774	12189	37703	17881	598	5343
5888	72072	3667	55955	12449	286	11675
8570	136119	3872	119500	12748	313	
6496	72200	13095	46444	12661	68	
8871	117362	13960	81590	21811	94	1351
2568	65064	3404	57671	3990		
3206	30229	3895	16571	9713	48	
4146	25236	5785	16110	3341	320	
4065	26680	4308	18913	3460	652	
5152	16795	2556	9966	4273	1446	1064
1564	16986	1435	13112	2439	2	10
4520	31769	1470	17609	12690	3767	
12476	102354	7671	72505	22174	4394	73
2120	16540	1349	9267	5924	125	42

系统及单位 System and institute	合计 Total	人员支出 Personnel expenditure	基本工资 Basic salary	补助工资 Subsidiary salary	其他工资 Other salaries
南京地理与湖泊研究所 Nanjing Inst. of Geography and Limnology	27109	13421	1261	3218	266
南京地质古生物研究所 Nanjing Inst. of Geology and Palaeontology	17997	7440	946	1774	
南京土壤研究所 Nanjing Inst. of Soil Science	30565	15294	1670	1515	837
苏州生物医学工程技术研究所 Suzhou Institute of Biomedical Engineering and Technology	21848	6814	1266	897	
苏州纳米技术与纳米仿生研究所 Suzhou Inst. of Nano-Tech and Nano-Bionics	48626	13062	2183	4041	216
安徽省 Anhui Province	215590	65218	7014	16189	24
合肥物质科学研究院 Hefei Institutes of Physical Sciences	215590	65218	7014	16189	24
湖北省 Hubei Province	188460	75899	8605	5879	1846
武汉岩土力学研究所 Wuhan Inst. of Rock and Soil Mechanics	34552	19844	2037	2946	509
武汉植物园 Wuhan Botanical Garden	17774	9212	1109	373	557
水生生物研究所 Inst. of Hydrobiology	53000	15251	1748	520	780
武汉病毒研究所 Wuhan Inst. of Virology	31831	8524	958	1204	
精密测量科学与技术创新研究院 Innovation Academy for Precision Measurement Science and Technology	51303	23068	2753	836	
广东省、湖南省、海南省 Guangdong Province, Hunan Province and Hainan Province	356611	144597	12642	17887	41079
广州地球化学研究所 Guangzhou Inst. of Geochemistry	41523	19643	1585	612	405
南海海洋研究所 South China Sea Inst. of Oceanology	65400	25551	2580	3026	3538
华南植物园 South China Botanical Garden	30921	16563	2009	6023	1910
广州能源研究所 Guangzhou Inst. of Energy Conversion	29701	12818	1756	1103	1526
广州生物医药与健康研究院 Guangzhou Institutes of Biomedicine and Health	31285	11367	1047	3597	118
亚热带农业生态研究所 Inst. of Subtropical Agriculture	20891	8820	872	1816	74

续表 4-3

社会保障费 Social security expenditure	公用支出 Public expenditure	公共运行费 Expenditure for public operation	科研业务费 Expenditure for professional activity	固定资产购置费 Expenditure for purchasing equipment	专款支出 Designated expenditure	经营支出 Operating expenses
2283	13446	2024	8880	2541	242	
1154	10484	692	7195	2598	73	
2042	14878	1106	11266	2505	393	
2995	12710	747	10027	1934	2324	
1882	34296	1753	25870	6672	1237	31
14131	130688	5892	106478	18321	868	18816
14131	130688	5892	106478	18321	868	18816
8430	112220	13300	69483	29439	341	
1651	14696	1681	7487	5528	12	
1535	8408	2233	5431	744	154	
1030	37682	5260	26111	6312	67	
1672	23224	1917	14246	7061	83	
2542	28210	2209	16208	9794	25	
34915	203935	14867	134317	48711	6628	1451
9067	20903	1570	13358	5976	694	283
6262	37668	1478	31522	4669	1783	398
3142	12024	3338	5736	2950	1623	711
2194	16813	690	12361	3762	11	59
2129	19879	1883	11762	6233	39	
2423	12052	41	9635	2377	19	

系统及单位 System and institute	合计 Total	人员支出 Personnel expenditure	基本工资 Basic salary	补助工资 Subsidiary salary	其他工资 Other salaries
深圳先进技术研究院 Shenzhen Institute of Advanced Technology	87321	41535	2148	346	31585
深海科学与工程研究所 Institute of Deep-sea Science and Engineering	49569	8300	645	1364	1923
四川省 Sichuan Province	188768	62830	8225	8586	1397
成都山地灾害与环境研究所 Chengdu Inst. of Mountain Hazards and Environment	24588	10516	1276	2480	21
成都生物研究所 Chengdu Inst. of Biology	21749	10787	1665	3154	45
光电技术研究所 Inst. of Optics and Electronics	142431	41527	5284	2952	1331
重庆市 Chongqing	17645	6681	1391	923	
重庆绿色智能技术研究院 Chongqing Institutes of Green and Intelligent Technology	17645	6681	1391	923	
云南省、贵州省 Yunnan Province and Guizhou Province	131070	63882	6806	11136	6924
昆明植物研究所 Kunming Inst. of Botany	39695	21074	1926	2175	1822
昆明动物研究所 Kunming Inst. of Zoology	31852	12965	1351	2523	1589
西双版纳热带植物园 Xishuangbanna Tropical Botanical Garden	28576	15910	1647	3953	3389
地球化学研究所 Inst. of Geochemistry	30947	13933	1882	2485	124
陕西省 Shaanxi Province	154536	44341	6435	6774	792
西安光学精密机械研究所 Xi’an Inst. of Optics and Precision Mechanics	99752	28188	3972	2177	450
地球环境研究所 Inst. of Earth Environment	17402	4792	625	1316	269
国家授时中心 National Time Service Center	37382	11361	1838	3281	73
甘肃省、青海省 Gansu Province and Qinghai Province	217108	81158	12396	19029	1542
近代物理研究所 Inst. of Modern Physics	76218	24544	3725	2662	50
兰州化学物理研究所 Lanzhou Inst. of Chemical Physics	45818	17682	2714	4264	545

社会保障费 Social security expenditure	公用支出 Public expenditure	公共运行费 Expenditure for public operation	科研业务费 Expenditure for professional activity	固定资产购置费 Expenditure for purchasing equipment	专款支出 Designated expenditure	经营支出 Operating expenses
7404	43327	3962	23394	9929	2459	
2294	41269	1905	26549	12815		
14238	125155	17075	94910	13057	636	147
2093	13970	779	11074	2118	102	
2871	10869	753	8007	1996	93	
9274	100316	15543	75829	8943	441	147
1826	10962	1213	7377	2370	2	
1826	10962	1213	7377	2370	2	
15002	65340	9636	42071	13633	1724	124
7082	18585	3431	11588	3567	36	
2146	18048	1083	11186	5779	839	
2711	12332	3809	7321	1201	334	
3063	16375	1313	11976	3086	515	124
5388	109677	3902	90585	15190	518	
3367	71057	3307	61616	6135	507	
706	12610	578	9319	2712		
1315	26010	17	19650	6343	11	
10422	133351	14420	79655	39276	1268	1331
3678	51080	2791	33488	14801	251	343
1850	27466	2743	12865	11858	384	286

系统及单位 System and institute	合计 Total	人员支出 Personnel expenditure	基本工资 Basic salary	补助工资 Subsidiary salary	其他工资 Other salaries
青海盐湖研究所 Qinghai Inst. of Saline Lakes	15594	7995	1138	2676	691
西北高原生物研究所 Northwest Inst. of Plateau Biology	17133	5659	747	2097	256
西北生态环境资源研究院 Northwest Institute of Eco-Environment and Resources	62345	25278	4072	7330	
新疆维吾尔自治区 Xinjiang Uygur Autonomous Region	54866	19825	2846	4625	313
新疆理化技术研究所 Xinjiang Technical Inst. of Physics and Chemistry	25834	7773	1025	2332	219
新疆生态与地理研究所 Xinjiang Inst. of Ecology and Geography	29032	12052	1821	2293	94

续表 4-3

社会保障费 Social security expenditure	公用支出 Public expenditure	公共运行费 Expenditure for public operation	科研业务费 Expenditure for professional activity	固定资产购置费 Expenditure for purchasing equipment	专款支出 Designated expenditure	经营支出 Operating expenses
1730	7585	1274	2771	3540	12	2
1114	11226	552	7871	2802	8	240
2050	35994	7060	22660	6275	613	460
4832	34977	4953	18400	11623	64	
1972	18047	1165	9539	7343	14	
2860	16930	3788	8861	4280	50	

主要统计指标解释

1. 事业单位总收入情况

财政补助收入 指单位从财政部门取得的科学事业费、房改经费。

拨入专款 指单位从没有直接部门预算管理关系的财政部门、上级单位或其他单位取得的有指定用途的专项资金，如从人事部取得的政府津贴、院士津贴。

事业收入 指单位开展专业业务活动及其辅助活动取得的收入，包括科研收入、技术收入、学术活动收入、科普活动收入、试制产品收入、预算外资金收入等。

科研收入 指单位承担科研课题（项目）和接受委托研制样品样机取得的收入，包括事业单位承担国家科研项目取得的收入，如国家“科技三项费用”项目、国家自然科学基金项目、国家高技术研究发展计划（863 计划）项目等；同时包括事业单位承担地方有关部门及企业的各类科研任务取得的收入。

技术收入 指单位对外提供技术转让、技术咨询、技术服务、技术培训、技术承包和技术开发取得的收入。

试制产品收入 指单位经过国家有关部门批准从事中间试验产品的试制取得的收入(不含科技三项费用中的中间试验费）。

预算外资金收入 指单位按照国家有关规定，为履行或代行政府职能，依据国家法律、法规和具有法律效力的规章而收取的纳入预算外资金专户管理的各种行政事业性收费等。

经营收入 指单位在专业业务活动及其辅助活动之外开展非独立核算的经营活动取得的收入，包括产品（商品）销售收入、经营服务收入、工程承包收入、租赁收入和其他经营收入。

其他收入 指单位除上述收入以外的其他收入，如投资收益、利息收入、捐赠收入、上级补助收入、附属单位缴款等。

2. 事业单位总支出情况

人员支出 指单位用各种经费开支的基本工资、补助工资、其他工资、职工福利费、社会保障费、助学金。

基本工资 主要指按国家有关规定支付给工作人员的固定工资及规定比例的津贴。

补助工资 指按国家有关规定支付给工作人员的津贴、补贴，包括各项岗位津贴、价格补贴、地方性补贴、冬季取暖补贴、夜餐补贴、职工上下班交通补贴、加班费等。

其他工资 主要指在基本工资、补助工资之外发给在职人员的属于国家规定工资总额组成范围的各种津贴、补贴。

社会保障费 指按国家有关规定支付给离退休人员的离退休金、津贴、补贴及单位按国家规定缴纳的各项基本社会保险金等。

公用支出 指单位用各种经费开支的公务费、设备购置费、修缮费、业务费及其他费用。

公共运行费 指用于组织和管理专业业务及其辅助活动发生的支出，主要包括办公费、邮电通信费、水电费、维修维护费、物业费、公用取暖费、车船油料费等。

科研业务费 指在开展专业业务及其辅助活动过程中发生的支出，主要包括消耗的各种原材料、计算测试费、燃料动力费、会议费、差旅费、外事活动费等。

固定资产购置费 指不属于基本建设支出，应按固定资产管理的科研、生产、开发、经营以及办公设备的购置支出，主要包括各种仪器设备、车辆、图书等购置费以及按规定提取的修购基金。

结转自筹基建 指单位经国家有关部门批准并纳入基本建设计划，用财政补助收入以外的资金安排的基本建设项目支出。

经营支出 指单位在专业业务活动及其辅助活动之外开展非独立核算经营活动发生的各项支出以及实行内部成本核算单位已销产品的实际成本。

专款支出 指单位用上述“拨入专款”开支的费用。

Explanatory Notes on Key Indicators

1. Total income of CAS institutions

Financial subsidiary income This refers to the operating funds for scientific research, and house subside obtained from the financial departments.

Special funds allocated This refers to the special funds for designated use obtained from the financial departments, higher authorities or other units, such as government allocations and allocations for CAS Members from the Ministry of Personnel Management.

Operating income This refers to the income obtained by performing professional activities and auxiliary work, including scientific research, technology, scientific activities, popular science activities and production of pilot products, and income from non-budgetary funds.

Scientific research income This refers to the income acquired by undertaking scientific research tasks (projects) and accepting assignments to develop samples and prototypes. It includes income for undertaking State scientific research projects, such as the “Three sums of science and technology funds”, “National Natural Science Foundation funds”, “863” Program funds, etc. It also includes income obtained from the local departments and enterprises by the institutions by undertaking various research tasks.

Technology income This refers to the income obtained from offering external technology transfer, technology consultation, technology service, technology training, technology contracting and technology development.

Income from trial-production of products This refers to the income obtained by producing pilot experimental products (not including allowance for pilot experiments in the “three sums of science and technology funds”) approved by the relevant State departments.

Income from non-budgetary funds This refers to various kinds of revenues (which are not included in the State budgetary management system) collected by the institution in performing or acting the functions on government behalf according to the State laws, regulations and rules which have the legal effects.

Business income This refers to the income acquired by carrying out non-independent accounting business activities other than professional and auxiliary work, including product (commodity) sales income, business service income, project contracting income, renting income and other business income.

Other income This refers to income other than the above-mentioned items, such as income from investment, interest, donation, subsidies from superior organizations, funds provided by affiliated units, etc.

2. Total expenditure of CAS institutions

Personnel expenditure This refers to the spending from various kinds of funds, such as basic salary, subsidiary salary and other salaries, welfare expenditure, social security expenditure, and people's grant-in-aid.

Basic salary This refers to the basic salary and proportioned allowance paid to the staff according to the relevant State policies.

Subsidiary salary This refers to the allowance and subsidies paid to the staff according to the relevant State policies, including working post allowance, inflation subsidies, local allowance, allowance for winter heating, night snack allowance, traffic allowance for the staff to and back from work, and overtime pay, etc.

Other salaries This mainly refers to the allowances and subsidies paid to the on-job staff, which is the components of the total salary set according to the relevant State policies. This item is not included in the basic salary and subsidiary salary.

Social security expenditure This refers to the pension, allowance or subsidies paid to the retired personnel according to the relevant State policy, and various basic social insurance premium paid by the units according to the State policy.

Public expenditure This refers to the spending from various kind of funds, such as official business spending, expenditure for professional activities, expenditure for purchasing equipment, renovation fees and others.

Expenditure for public operation This refers to the expenses for organizing and managing professional work and auxiliary activities, mainly including expenses on administration, postage and communications, water and electricity, repair maintenance, property costs, winter heating, vehicles and fuel, etc.

Expenditure for professional activity This refers to the expenses occurred in the process of carrying out professional work and auxiliary activities, mainly including raw and processed materials consumed, computation and testing, fuel and power, expenses for attending conferences and making business trips, etc.

Expenditure for purchasing equipment This refers to the expenses spent on equipment purchasing for scientific research, production, development, business operation and office instruments, which does not fall into the category of capital construction expenditure and is managed as fixed assets. It mainly includes expenses for purchasing various kinds of instruments and equipment, vehicles, books, etc., according to the relevant policies.

Balanced and transferred self-raised capital construction funds This refers to the expenditure from non financial subsidiary funds for capital construction projects which are approved by the State departments concerned and which are included in the capital construction plan of the year.

Operating expenditure This refers to the expenses occurred in the process of carrying out non-independent accounting business activities other than professional and auxiliary work, as well as the actual cost of products sold by those internal cost-accounting units.

Designated expenditure This refers to the expenses paid from above-mentioned "Designated funds".

五、基本建设
CAPITAL CONSTRUCTION

5-1 基本建设总体情况

General Information of Capital Construction

年份 Year	完成投资（万元） Investment completed (ten thousand yuan)	国家及院拨款 State & CAS funds	建设单位自筹 Self-raised funds by construction unit	贷款 Loan	竣工面积（万平方米） Floor space completed (ten thousand square meter)
1950～1952	276				2.05
1953～1957	9123				51.23
1958～1962	20972				79.4
1963～1965	12600				33.88
1966～1970	9139				15.37
1971～1975	7835				56.66
1976	2500				8.23
1977	3347				15.09
1978	8454				20.47
1979	18426				33.28
1980	17579				36.19
1981	13600				36.78
1982	15039				34.66
1983	14537				27.04
1984	16114				32.83
1985	17108	346			24.23
1986	21908	252			28.3
1987	27412	281			20.31
1988	28266	240			24.7
1989	29384	240			29.87
1990	23484	240			37.36
1991	30306	1971			23.17
1992	36636	5000			28.72
1993	38427	4809		3100	25.83
1994	40787	10000		3000	23.95
1995	44480	10000		2600	23.51
1996	48122	15982		700	22.66
1997	65936	25346			24.81
1998	91409	32387			29.46
1999	103721	48879			32.84
2000	140591	74192			45.3
2001	221479	95910	124869	700	53.88
2002	314274	175092	130111	9071	84.78
2003	342450	197664	144786		70.05
2004	242432	178013	62015	2405	76.02
2005	227700	161675	66025		42.41
2006	251892	143700	108192		55.58

续表 5-1

年份 Year	完成投资（万元） Investment completed (ten thousand yuan)	国家及院拨款 State & CAS funds	建设单位自筹 Self-raised funds by construction unit	贷款 Loan	竣工面积（万平方米） Floor space completed (ten thousand square meter)
2007	211400	113400	98000		41.89
2008	273500	145200	128300		43.48
2009	431000	296700	134300		15.58
2010	456711	314266	142445		52.21
2011	444239	290078	154161		41.42
2012	442370	269812	172558		56.89
2013	131659	107020	24639		43.84
2014	289250	244491	44759		13.94
2015	384786	227035	157751		60.03
2016	363637	289248	74389		45.64
2017	310087	263507	46580		67.63
2018	270214	211050	59164		35.46
2019	423500	330800	92700		61.35
2020	280740	241640	39100		64.98

5-2 基本建设投资完成情况（2020年）

Capital Construction Expenditure: 2020

单位：万元 （ten thousand yuan）

项目 Project	完成投资 Investment completed	国家及院拨款 State & CAS funds	建设单位自筹 Self-raised funds by construction unit	贷款 Loan
总计 Total	**280740**	**241640**	**39100**	
一、重大科技基础设施 Large research infrastructure	74240	74240		
二、科教基础设施改造建设项目 Infrastructure renovation & construction of research and education	61000	61000		
三、修购项目 Commercialized projects	59400	59400		
四、引进人才项目 Talent programmes				
五、其他专项 Other designated projects	86100	47000	39100	

5-3 基本建设建筑面积完成情况（2020年）

Floor Space Completed: 2020

单位：万平方米 （ten thousand square meter）

项目 Project	在建面积 Floor space under construction	新开面积 Floor space started	竣工面积 Floor space completed	改造面积 Floor space reconstructed
总计 Total	**210.36**	**96.86**	**64.98**	**14.87**
一、重大科技基础设施 Large research infrastructure	30.3	5	0.55	
二、科教基础设施改造建设项目 Infrastructure renovation & construction of research and education	146.94	60.02	39.29	
三、修购项目 Commercialized projects	31.84	31.84	14.87	14.87
四、引进人才项目 Talent programmes				
五、其他项目 Other designated projects	1.28		10.27	

六、科技活动

SCIENTIFIC AND TECHNOLOGICAL ACTIVITIES

6-1 科研机构人员概况

Staff of CAS Research Institutions

年份 Year	在职职工（人） Regular staff (person)	从事科技活动人员 S&T activity personnel	其中：女性 Of which: Female	科学家和工程师 Scientists & engineers
1985	69650	58220	19820	32174
1986	70510	60107	20509	34495
1987	66855	53727	18410	35034
1988	67554	56939	19419	36648
1989	67451	56895	19209	37587
1990	67547	56199	18536	38133
1991	67558	56029	18645	37668
1992	66608	54293	18070	37642
1993	64273	50584	16856	36199
1994	61641	46344	15393	33749
1995	59008	42934	14186	32446
1996	56245	41392	13598	32032
1997	53191	38104	12484	29798
1998	50271	33963	11373	27139
1999	47487	31205	10290	25450
2000	44772	29648	9547	24426
2001	40853	26391	8376	22105
2002	36679	23600	7455	20225
2003	35201	23218	7398	19108
2004	34847	23830	7550	20027
2005	35394	24755	7840	20446
2006	36085	25914	8281	21558
2007	36684	27315	8846	25347
2008	42558	33642	11660	31639
2009	46959	38642	12908	35366
2010	49968	42306	14171	
2011	52678	45566	15469	
2012	56531	50143	17197	
2013	59663	53814	18452	
2014	59779	57398	19681	
2015	60051	58136	20116	
2016	60717	58675	20547	
2017	61012	59522	20790	
2018	61026	59905	20867	
2019	62665	61561	21891	
2020	62844	62138	21817	

注：S&T—Science and Technology。

自 2008 年起，科研机构在职职工的统计范围是指科研机构中在编职工和项目聘用人员。

Note: Since 2008, the number of regular staff of research institution includes both the regular staff of all CAS institutions and the staff by project contract.

6-2　科研机构职工按工作性质分类（2020 年）

Statistics of CAS Staff, by Nature of Work: 2020

单位：人　　　　（person）

地区及学科 Region and field	从事科技活动人员 S&T activity personnel	科技管理人员 S&T management personnel	课题活动人员 Project activity personnel	科技服务人员 S&T service personnel	从事生产经营活动人员 Production and business activity personnel	其他人员 Other personnel
总计 Total	**62138**	**6525**	**44399**	**11214**	**28**	**678**
一、按地区、分院分 By region and branch						
北京市、天津市、山西省 Beijing，Tianjin and Shanxi Province	22846	2433	17500	2913	12	335
沈阳分院 Shenyang Branch	5410	482	3033	1895		38
长春分院 Changchun Branch	3183	263	2276	644		43
上海分院 Shanghai Branch	11591	1189	8755	1647	8	60
南京分院 Nanjing Branch	2193	235	1739	219		6
合肥地区 Hefei Area	2521	375	1467	679		19
武汉分院 Wuhan Branch	1656	219	1076	361	3	44
广州分院 Guangzhou Branch	4126	350	3005	771		5
成都分院 Chengdu Branch	2069	243	1357	469		75
昆明分院 Kunming Branch	1472	186	702	584	1	32

续表 6-2

地区及学科 Region and field	从事科技活动人员 S&T activity personnel	科技管理人员 S&T management personnel	课题活动人员 Project activity personnel	科技服务人员 S&T service personnel	从事生产经营活动人员 Production and business activity personnel	其他人员 Other personnel
西安分院 Xi'an Branch	1649	177	1153	319		13
兰州分院 Lanzhou Branch	2738	287	1859	592	4	8
新疆分院 Xinjiang Branch	684	86	477	121		
二、按学科分 By field						
数学、物理 Mathematics & physics	11315	1295	8061	1959	11	150
化学与化工 Chemistry & chemical engineering	8179	764	5754	1661		110
地学 Earth sciences	7830	936	5082	1812	1	32
生物学 Biological sciences	10823	1288	6990	2545		123
技术科学 Technological sciences	23685	2187	18276	3222	16	263
其他 Others	306	55	236	15		

6-3 科研机构科技

Total Income of S&T Activities in

单位：千元

地区及学科 Region and field	科技活动收入 Total income of S&T activities	政府资金 Government funds	财政补助收入 Income from government subsidy	承担政府科研项目收入 Income from undertaking government research projects
总计 Total	**74003748**	**56502249**	**29738677**	**21949324**
一、按地区、分院分 By region and branch				
北京市、天津市、山西省 Beijing，Tianjin and Shanxi Province	30538027	25306008	13851407	10571713
沈阳分院 Shenyang Branch	6334870	3938663	2427554	1277075
长春分院 Changchun Branch	4224178	3856009	1367097	2422745
上海分院 Shanghai Branch	15047362	9122218	4573780	2620040
南京分院 Nanjing Branch	2623737	2190366	1270123	780707
合肥地区 Hefei Area	2088882	1933974	967794	468364
武汉分院 Wuhan Branch	1844715	1437024	964869	438091
广州分院 Guangzhou Branch	3256939	2599537	1121719	1165861

活动收入（2020 年）

CAS Research Institutions: 2020

（thousand yuan）

来自地方政府资金 Funds from local government	技术性收入 Technical income	其中：来自企业 Of which: From enterprises	国外资金 Funds from abroad	用于科技活动的贷款 Loans for S&T activities
8510531	**12693554**	**5191315**	**129151**	
2670909	3989188	2052055	63514	
310589	1444570	1077860	12289	
90074	270950	110909	1617	
2462859	4076690	675764	16556	
1024968	342339	229567	3420	
470691	33556	33556	19483	
75909	320863	213624	1410	
769216	542680	301556	6247	

地区及学科 Region and field	科技活动收入 Total income of S&T activities	政府资金 Government funds	财政补助收入 Income from government subsidy	承担政府科研项目收入 Income from undertaking government research projects
成都分院 Chengdu Branch	2510422	1597288	592208	942386
昆明分院 Kunming Branch	1277813	1091162	712020	162613
西安分院 Xi'an Branch	1745831	1373740	435403	641868
兰州分院 Lanzhou Branch	1966290	1596567	1124655	336197
新疆分院 Xinjiang Branch	544682	459693	330048	121664
二、按学科分 By field				
数学、物理 Mathematics & physics	12946457	11130898	6477240	3576534
化学与化工 Chemistry & chemical engineering	8407070	6343017	3960281	1603661
地学 Earth sciences	7172074	6242342	3866002	1994687
生物学 Biological sciences	11270148	9310073	5200619	3286073
技术科学 Technological sciences	33908603	23242787	10034647	11455125
其他 Others	299396	233132	199888	33244

续表 6-3

来自地方政府资金 Funds from local government	技术性收入 Technical income	其中：来自企业 Of which: From enterprises	国外资金 Funds from abroad	用于科技活动的贷款 Loans for S&T activities
93091	859525	222309	69	
271335	162062	56613	2462	
50010	295809	36558	1350	
163261	295770	136756	381	
57619	59552	44188	353	
1397959	1384869	671691	44690	
872970	1591072	960899	17639	
742504	714025	278974	4073	
1561583	1431369	682346	49433	
3902534	7568436	2597336	11294	
32981	3783	69	2022	

地区及学科 Region and field	科技活动收入 Total income of S&T activities	政府资金 Government funds	财政补助收入 Income from government subsidy	承担政府科研项目收入 Income from undertaking government research projects
三、按科研单位分 By institute				
北京市、天津市、山西省 Beijing，Tianjin and Shanxi Province				
数学与系统科学研究院 Academy of Mathematics and Systems Science	440048	404542	273988	128644
物理研究所 Inst. of Physics	901755	829540	478775	309711
声学研究所 Inst. of Acoustics	1853797	1627520	393683	1233008
理论物理研究所 Inst. of Theoretical Physics	89283	85775	49196	36444
理化技术研究所 Technical Inst. of Physics and Chemistry	808362	707981	360700	345685
高能物理研究所 Inst. of High Energy Physics	1605835	1543156	1368341	174815
国家天文台 National Astronomical Observatories of China	1583208	1257564	809047	251944
力学研究所 Inst. of Mechanics	794180	542416	437037	105379
化学研究所 Inst. of Chemistry	851441	657576	422177	198259
生态环境研究中心 Research Center for Eco-Environmental Sciences	622755	565259	261563	172437
国家纳米科学中心 National Center for Nanoscience and Technology	296952	256599	175751	74115
过程工程研究所 Inst. of Process Engineering	658529	497446	357951	125567

续表 6-3

来自地方政府资金 Funds from local government	技术性收入 Technical income	其中：来自企业 Of which: From enterprises	国外资金 Funds from abroad	用于科技活动的贷款 Loans for S&T activities
4387	20403	5432		
33514	47203	9479		
14945	192793	192793		
	3508	161		
341685	93587		6794	
175815	44406		17624	
210450	230321	34731	222	
	251764	251764		
35179	98681	37303		
130859	39168	39168	1659	
6733	35662	20221	4691	
13928	160001	47303	1082	

地区及学科 Region and field	科技活动收入 Total income of S&T activities	政府资金 Government funds	财政补助收入 Income from government subsidy	承担政府科研项目收入 Income from undertaking government research projects
地理科学与资源研究所 Inst. of Geographic Sciences and Natural Resources Research	823508	812461	472811	339650
青藏高原研究所 Inst. of Tibetan Plateau Research	469072	458740	303330	155410
地质与地球物理研究所 Inst. of Geology and Geophysics	844940	764949	490769	274180
古脊椎动物与古人类研究所 Inst. of Vertebrate Paleontology and Paleoanthropology	186727	180578	127196	31869
大气物理研究所 Inst. of Atmospheric Physics	488236	398260	247453	150807
植物研究所 Inst. of Botany	418125	347175	265345	80357
动物研究所 Inst. of Zoology	681245	536206	360325	149850
心理研究所 Inst. of Psychology	239661	131598	86030	40167
微生物研究所 Inst. of Microbiology	460126	333347	146781	184382
生物物理研究所 Inst. of Biophysics	728133	665706	384581	268977
遗传与发育生物学研究所 Inst. of Genetics and Developmental Biology	639063	616637	311247	287477
北京基因组研究所 Beijing Inst. of Genomics	157767	155702	107862	47381

续表 6-3

来自地方政府资金 Funds from local government	技术性收入 Technical income	其中：来自企业 Of which: From enterprises	国外资金 Funds from abroad	用于科技活动的贷款 Loans for S&T activities
160662	11047			
2550	4296	85	742	
7889	79991	79991		
19938	6149			
2687	46065	240	892	
1473	67914	35309	63	
7398	29310	10792	16979	
920	103971	11379	142	
18511	68175	68175	799	
28022	50594	50594	1013	
13092	6126	950	884	
1725	1985		80	

地区及学科 Region and field	科技活动收入 Total income of S&T activities	政府资金 Government funds	财政补助收入 Income from government subsidy	承担政府科研项目收入 Income from undertaking government research projects
计算技术研究所 Inst. of Computing Technology	1038842	822718	485889	317862
软件研究所 Inst. of Software	513139	324561	205491	111857
信息工程研究所 Inst.of Information Engineering	1269101	768070	429196	330557
半导体研究所 Inst. of Semiconductors	953151	733471	316628	400455
微电子研究所 Inst. of Microelectronics	867914	600334	350065	202882
空天信息创新研究院 Aerospace Information Research Institute	3975466	3296008	1379197	1760533
电工研究所 Inst. of Electrical Engineering	597149	520669	228943	278539
工程热物理研究所 Inst. of Engineering Thermophysics	881993	760322	340138	420184
国家空间科学中心 National Space Science Center	1127507	984583	525637	451961
空间应用工程与技术中心 Technology and Engineering Center for Space Utilization	657182	587545	110307	476848
自动化研究所 Inst. of Automation	993019	702366	391533	263605
自然科学史研究所 Inst. of History of Natural Sciences	38050	35267	35004	263
科技战略咨询研究院 Inst. of Science and Development	261346	197865	164884	32981

续表 6-3

来自地方政府资金 Funds from local government	技术性收入 Technical income	其中：来自企业 Of which: From enterprises	国外资金 Funds from abroad	用于科技活动的贷款 Loans for S&T activities
808554	216124	66444		
7213	187678	181385	900	
8289	477218	138664		
16388	170051			
47387	267338			
8114	336472	336472	4107	
110795	75403	75403	1077	
66990	121671	52202		
	142924	97888		
390	69637	1006		
44890	125562	125562	200	
	2783			
32981	1000	69	2022	

地区及学科 Region and field	科技活动收入 Total income of S&T activities	政府资金 Government funds	财政补助收入 Income from government subsidy	承担政府科研项目收入 Income from undertaking government research projects
天津工业生物技术研究所 Tianjin Inst. of Industrial Biotechnology	447588	401702	67660	334042
山西煤炭化学研究所 Shanxi Inst. of Coal Chemistry	273832	193794	128896	22629
辽宁省、山东省 Liaoning Province and Shandong Province				
大连化学物理研究所 Dalian Inst. of Chemical Physics	1610611	1231471	746889	392218
沈阳应用生态研究所 Shenyang Inst. of Applied Ecology	262763	236882	141232	95650
沈阳自动化研究所 Shenyang Inst. of Automation	1744387	713554	449180	198965
金属研究所 Inst. of Metal Research	1744285	945538	609398	320183
海洋研究所 Inst. of Oceanology	604035	506788	287850	182526
青岛生物能源与过程研究所 Qingdao Inst. of Bioenergy and Bioprocess Technology	235829	189579	122269	45339
烟台海岸带研究所 Yantai Inst. of Coastal Zone Research	132960	114851	70736	42194
吉林省 Jilin Province				
长春应用化学研究所 Changchun Inst. of Applied Chemistry	863594	748018	566928	139552

续表 6-3

来自地方政府资金 Funds from local government	技术性收入 Technical income	其中：来自企业 Of which: From enterprises	国外资金 Funds from abroad	用于科技活动的贷款 Loans for S&T activities
244287	45886	45886		
42269	56321	35204	1542	
89118	371538	270023	7602	
17388	25783	25783	97	
59952	125549	124870		
61105	791821	623793	1877	
35900	77789	97		
21971	33981	25218	2713	
25155	18109	8076		
41538	82902	68306	1063	

地区及学科 Region and field	科技活动收入 Total income of S&T activities	政府资金 Government funds	财政补助收入 Income from government subsidy	承担政府科研项目收入 Income from undertaking government research projects
东北地理与农业生态研究所 Northeast Inst. of Geography and Agroecology	272848	243428	150946	70356
长春光学精密机械与物理研究所 Changchun Inst. of Optics，Fine Mechanics and Physics	3087736	2864563	649223	2212837
上海市、福建省、浙江省 Shanghai, Fujian Province and Zhejiang Province				
上海应用物理研究所 Shanghai Inst. of Applied Physics	422949	336489	291620	43980
上海天文台 Shanghai Observatory	368283	269301	131760	117931
上海硅酸盐研究所 Shanghai Inst. of Ceramics	1019804	538053	342197	122244
上海有机化学研究所 Shanghai Inst. of Organic Chemistry	671855	531555	344559	107166
分子细胞科学卓越创新中心 Shanghai Inst. of Biochemistry and Cell Biology	526728	457258	286241	163648
脑科学与智能技术卓越创新中心 Center for Excellence in Brain Science and Intelligence Technology	683968	641151	216898	421924
分子植物科学卓越创新中心 CAS Center for Excellence in Molecular Plant Sciences	498042	443660	280446	138881
上海营养与健康研究所 Shanghai Inst. of Nutrition And Health	449169	351955	207021	104707
上海巴斯德研究所 Inst. Pasteur of Shanghai	162865	151080	66943	78868
上海微系统与信息技术研究所 Shanghai Inst. of Microsystem and Information Technology	1087566	743233	433344	180931
上海光学精密机械研究所 Shanghai Inst. of Optics and Fine Mechanics	942674	676251	406543	238319

续表 6-3

来自地方政府资金 Funds from local government	技术性收入 Technical income	其中：来自企业 Of which: From enterprises	国外资金 Funds from abroad	用于科技活动的贷款 Loans for S&T activities
22126	26328	18296	554	
26410	161720	24307		
23574	84536			
19610	92291	5044	233	
73612	238816	140211		
79298	140300			
19574	32538		956	
372773	3402	1805		
22784	44367		1996	
40227	70005	20159	868	
45895	8545	8545	924	
122641	303746	1998		
31349	252130	481	541	

地区及学科 Region and field	科技活动收入 Total income of S&T activities	政府资金 Government funds	财政补助收入 Income from government subsidy	承担政府科研项目收入 Income from undertaking government research projects
上海技术物理研究所 Shanghai Inst. of Technical Physics	1738837	356524	122812	233712
上海药物研究所 Shanghai Inst. of Materia Medica	1084805	706913	331591	110513
上海高等研究院 Shanghai Advanced Research Institute	1659276	1457465	616983	304807
微小卫星创新研究院 Innovation Academy for Microsatellites	2086086	13169	13169	
宁波材料技术与工程研究所 Ningbo Inst. of Material Technology and Engineering	920051	783959	171825	119406
福建物质结构研究所 Fujian Inst. of Research on the Structure of Matter	537609	492336	212730	100034
城市环境研究所 Inst. of Urban Environment	186795	171866	97098	32969
江苏省 Jiangsu Province				
紫金山天文台 Purple Mountain Observatory	295756	249104	196434	51051
南京地理与湖泊研究所 Nanjing Inst. of Geography and Limnology	260685	236176	108391	57083
南京地质古生物研究所 Nanjing Inst. of Geology and Palaeontology	159612	140145	123960	15742
南京土壤研究所 Nanjing Inst. of Soil Science	304288	216710	135423	76027
苏州纳米技术与纳米仿生研究所 Suzhou Inst. of Nano-Tech and Nano-Bionics	511960	275983	133907	80564

续表 6-3

来自地方政府资金 Funds from local government	技术性收入 Technical income	其中：来自企业 Of which: From enterprises	国外资金 Funds from abroad	用于科技活动的贷款 Loans for S&T activities
	28697			
264809	351755	157382	8653	
535400	199236	192938	2385	
13169	2072917			
485569	114092	110042		
279606	28529	28529		
32969	10788	8630		
926	31533			
70702	1547	11		
524	14952	2727		
3976	73175	26363	3420	
61512	211993	191527		

地区及学科 Region and field	科技活动收入 Total income of S&T activities	政府资金 Government funds	财政补助收入 Income from government subsidy	承担政府科研项目收入 Income from undertaking government research projects
苏州生物医学工程技术研究所 Suzhou Inst. of Biomedical Engineering and Technology	239886	220898	122008	98890
赣江创新研究院 GanJiang Innovation Academy	851550	851350	450000	401350
安徽省 Anhui Province				
合肥物质科学研究院 Hefei Institutes of Physical Sciences	2088882	1933974	967794	468364
湖北省 Hubei Province				
精密测量科学与技术创新研究院 Innovation Academy for Precision Measurement Science and Technology	474655	413572	294476	99665
武汉岩土力学研究所 Wuhan Inst. of Rock and Soil Mechanics	306981	168906	134305	34601
武汉植物园 Wuhan Botanical Garden	178595	138614	122661	10615
水生生物研究所 Inst. of Hydrobiology	495246	420369	192029	219854
武汉病毒研究所 Wuhan Inst. of Virology	389238	295563	221398	73356
广东省、湖南省、海南省 Guangdong Province, Hunan Province and Hainan Province				
亚热带农业生态研究所 Inst. of Subtropical Agriculture	163196	125495	77316	31382
广州地球化学研究所 Guangzhou Inst. of Geochemistry	308668	241472	138656	77629

续表 6-3

来自地方政府资金 Funds from local government	技术性收入 Technical income	其中：来自企业 Of which: From enterprises	国外资金 Funds from abroad	用于科技活动的贷款 Loans for S&T activities
35978	8939	8939		
851350	200			
470691	33556	33556	19483	
19185	55586	35910		
25348	123180	71361	120	
1538	7659	7659	429	
20706	70830	36727	803	
9132	63608	61967	58	
16796	29370	7051	150	
25187	32298	31501		

地区及学科 Region and field	科技活动收入 Total income of S&T activities	政府资金 Government funds	财政补助收入 Income from government subsidy	承担政府科研项目收入 Income from undertaking government research projects
南海海洋研究所 South China Sea Inst. of Oceanology	640380	402097	250827	80868
华南植物园 South China Botanical Garden	272203	228346	140217	33600
广州能源研究所 Guangzhou Inst. of Energy Conversion	290209	203479	109226	40706
广州生物医药与健康研究院 Guangzhou Institutes of Biomedicine and Health	302546	242921	128354	46875
深圳先进技术研究院 Shenzhen Institutes of Advanced Technology	802130	692278	209829	458646
深海科学与工程研究所 Inst. of Deep-sea Science and Engineering	477607	463449	67294	396155
四川省、重庆市 Sichuan Province and Chongqing				
成都山地灾害与环境研究所 Chengdu Inst. of Mountain Hazards and Environment	289517	246083	114487	129522
成都生物研究所 Chengdu Inst. of Biology	192152	159600	101581	35819
光电技术研究所 Inst. of Optics and Electronics	1799809	1091435	303037	769836
重庆绿色智能技术研究院 Chongqing Inst. of Green and Intelligent Technology	228944	100170	73103	7209
云南省、贵州省 Yunnan Province and Guizhou Province				
地球化学研究所 Inst. of Geochemistry	220892	196156	134860	55121
昆明植物研究所 Kunming Inst. of Botany	357643	316129	197841	19275

续表 6-3

来自地方政府资金 Funds from local government	技术性收入 Technical income	其中：来自企业 Of which: From enterprises	国外资金 Funds from abroad	用于科技活动的贷款 Loans for S&T activities
90792	210942	76399		
53260	22371	7065	5890	
53547	74292	63788	207	
67692	51136	4161		
230797	109852	109852		
231145	12419	1739		
33369	43434	16351		
21302	16025	9924	69	
18562	677428	163903		
19858	122638	32131		
60981	18143	6100	15	
99013	35308	16625	2144	

地区及学科 Region and field	科技活动收入 Total income of S&T activities	政府资金 Government funds	财政补助收入 Income from government subsidy	承担政府科研项目收入 Income from undertaking government research projects
西双版纳热带植物园 Xishuangbanna Tropical Botanical Garden	326915	260876	214802	26420
昆明动物研究所 Kunming Inst. of Zoology	372363	318001	164517	61797
陕西省 Shaanxi Province				
国家授时中心 National Time Service Center	475905	448441	55308	145443
西安光学精密机械研究所 Xi'an Inst. of Optics and Precision Mechanics	1098338	772151	292181	457115
地球环境研究所 Inst. of Earth Environment	171588	153148	87914	39310
甘肃省、青海省 Gansu Province and Qinghai Province				
近代物理研究所 Inst. of Modern Physics	652969	537197	384530	93245
兰州化学物理研究所 Lanzhou Inst. of Chemical Physics	488128	354927	266733	68876
西北生态环境资源研究院 Northwest Inst. of Eco-Environment and Resources	825193	704443	473392	174076
新疆维吾尔自治区 Xinjiang Uygur Autonomous Region				
新疆理化技术研究所 Xinjiang Technical Inst. of Physics and Chemistry	258264	188992	144722	36289
新疆生态与地理研究所 Xinjiang Inst. of Ecology and Geography	286418	270701	185326	85375

注：1. 表 6-3 与表 6-4 为中华人民共和国科学技术部《科技统计年报》统计口径。

Note: Table 6-3, 6-4 is based on the specifications of the *S&T Statistical Yearbook* of the Ministry of Science and

2. 表 6-3 与表 6-4 中天津工业生物技术研究所和山西煤炭化学研究所合并到北京分院（筹）。

In Table 6-3 and 6-4, Tianjin Inst. of Industrial Biotechnology and Shanxi Inst. of Coal Chemistry had been

续表 6-3

来自地方政府资金 Funds from local government	技术性收入 Technical income	其中：来自企业 Of which: From enterprises	国外资金 Funds from abroad	用于科技活动的贷款 Loans for S&T activities
19654	59881	3520	303	
91687	48730	30368		
601	6267			
23485	276035	36558		
25924	13507		1350	
59422	85333	23182	214	
19318	127161	83104		
84521	83276	30470	167	
16991	44188	44188		
40628	15364		353	

Technology of the People's Republic of China.

merged into the jurisdiction of Beijing Branch.

6-4 科研机构科技活动

Total Internal Expenditure of S&T Activities

单位：千元

地区及学科 Region and field	科技活动日常性支出 Routine expenditure on S&T activities	人员费用 Personnel cost
总计 **Total**	**58062422**	**22677175**
一、按地区、分院分 By region and branch		
北京市、天津市、山西省 Beijing，Tianjin and Shanxi Province	24024005	10158369
沈阳分院 Shenyang Branch	5049918	1754433
长春分院 Changchun Branch	3308935	831786
上海分院 Shanghai Branch	12083281	4200514
南京分院 Nanjing Branch	1493041	770823
合肥地区 Hefei Area	1464993	53721
武汉分院 Wuhan Branch	1452420	700045
广州分院 Guangzhou Branch	2901060	1447580
成都分院 Chengdu Branch	1898350	760665
昆明分院 Kunming Branch	1134077	612904
西安分院 Xi’an Branch	1286802	400687
兰州分院 Lanzhou Branch	1537350	763711
新疆分院 Xinjiang Branch	428190	221937

经费支出情况（2020 年）
in CAS Research Institutions: 2020

（ten thousand yuan）

其他日常支出 Other daily expenditure	科技活动非基建资产性支出 Non-infrastructure assets expenditure on S&T activities	非基建的科学仪器与设备支出 Non-infrastructure expenditure on equipments	资本化的计算机软件支出 Capitalized expenditure on softwares	专利和专有技术支出 Expenditure for patents and proprietary technology
35385247	**9640070**	**9248646**	**291581**	**99843**
13865636	3978798	3767870	172669	38259
3295485	840189	817419	19743	3027
2477149	475344	467862	6448	1034
7882767	1841294	1769154	59211	12929
722218	247107	238377	4778	3952
1411272	197552	189164	4211	4177
752375	289872	287068	2375	429
1453480	818242	785795	4771	27676
1137685	157993	153244	3671	1078
521173	143958	142680	693	585
886115	119185	118778	403	4
773639	413870	398239	11435	4196
206253	116666	112996	1173	2497

地区及学科 Region and field	科技活动日常性支出 Routine expenditure on S&T activities	人员费用 Personnel cost
二、按学科分 By field		
数学、物理 Mathematics & physics	9663640	3525816
化学与化工 Chemistry & chemical engineering	6531721	3191886
地学 Earth sciences	6561302	3160343
生物学 Biological sciences	9090190	4201539
技术科学 Technological sciences	25996328	8433825
其他 Others	219241	163766
三、按科研单位分 By institute		
北京市、天津市、山西省 Beijing，Tianjin and Shanxi Province		
数学与系统科学研究院 Academy of Mathematics and Systems Science	334980	217010
物理研究所 Inst. of Physics	621609	265625
声学研究所 Inst. of Acoustics	1345077	402152
理论物理研究所 Inst. of Theoretical Physics	62057	34159
理化技术研究所 Technical Inst. of Physics and Chemistry	776762	289574
高能物理研究所 Inst. of High Energy Physics	1147964	527836
国家天文台 National Astronomical Observatories of China	1019601	509509
力学研究所 Inst. of Mechanics	706955	191500

其他日常支出 Other daily expenditure	科技活动非基建资产性支出 Non-infrastructure assets expenditure on S&T activities	非基建的科学仪器与设备支出 Non-infrastructure expenditure on equipments	资本化的计算机软件支出 Capitalized expenditure on softwares	专利和专有技术支出 Expenditure for patents and proprietary technology
6137824	1993458	1920615	57754	15089
3339835	1474135	1430254	37574	6307
3400959	826445	777699	33063	15683
4888651	1293415	1257078	8464	27873
17562503	4043958	3855148	153972	34838
55475	8659	7852	754	53
117970	11928	11137	791	
355984	394329	389720	4368	241
942925	65908	54832	11076	
27898	10685	10672	13	
487188	49718	48503	1000	215
620128	309330	300528	8802	
510092	340198	320644	18662	892
515455	70325	67704	2621	

地区及学科 Region and field	科技活动日常性支出 Routine expenditure on S&T activities	人员费用 Personnel cost
化学研究所 Inst. of Chemistry	610235	210841
生态环境研究中心 Research Center for Eco-Environmental Sciences	583802	339901
国家纳米科学中心 National Center for Nanoscience and Technology	260042	123922
过程工程研究所 Inst. of Process Engineering	509177	336634
地理科学与资源研究所 Inst. of Geographic Sciences and Natural Resources Research	752241	404362
青藏高原研究所 Inst. of Tibetan Plateau Research	366290	114622
地质与地球物理研究所 Inst. of Geology and Geophysics	809163	256743
古脊椎动物与古人类研究所 Inst. of Vertebrate Paleontology and Paleoanthropology	144916	91749
大气物理研究所 Inst. of Atmospheric Physics	483883	256499
植物研究所 Inst. of Botany	464038	228091
动物研究所 Inst. of Zoology	528094	221667
心理研究所 Inst. of Psychology	276583	157062
微生物研究所 Inst. of Microbiology	344217	139897
生物物理研究所 Inst. of Biophysics	497289	239253
遗传与发育生物学研究所 Inst. of Genetics and Developmental Biology	589165	219097
北京基因组研究所 Beijing Inst. of Genomics	144355	81020

其他日常支出 Other daily expenditure	科技活动非基建资产性支出 Non-infrastructure assets expenditure on S&T activities	非基建的科学仪器与设备支出 Non-infrastructure expenditure on equipments	资本化的计算机软件支出 Capitalized expenditure on softwares	专利和专有技术支出 Expenditure for patents and proprietary technology
399394	229299	228035	1264	
243901	90982	90124	347	511
136120	41263	40803	260	200
172543	125026	119499	5527	
347879	51642	51642		
251668	55106	54086	1020	
552420	101653	84610	6149	10894
53167	17344	16639	705	
227384	43308	32331	10977	
235947	93073	93073		
306427	72688	71178	104	1406
119521	21941	21941		
204320	53252	53252		
258036	90220	89573	647	
370068	84674	84166	217	291
63335	14212	14212		

地区及学科 Region and field	科技活动日常性支出 Routine expenditure on S&T activities	人员费用 Personnel cost
计算技术研究所 Inst. of Computing Technology	747923	336750
软件研究所 Inst. of Software	419400	84532
信息工程研究所 Inst.of Information Engineering	975136	510379
半导体研究所 Inst. of Semiconductors	670576	230591
微电子研究所 Inst. of Microelectronics	701445	327791
空天信息创新研究院 Aerospace Information Research Institute	2983849	1012942
电工研究所 Inst. of Electrical Engineering	545401	215443
工程热物理研究所 Inst. of Engineering Thermophysics	552171	209911
国家空间科学中心 National Space Science Center	933056	340980
空间应用工程与技术中心 Technology and Engineering Center for Space Utilization	401490	118601
自动化研究所 Inst. of Automation	1030527	481229
自然科学史研究所 Inst. of History of Natural Sciences	35037	26535
科技战略咨询研究院 Inst. of Science and Development	184204	137231
天津工业生物技术研究所 Tianjin Inst. of Industrial Biotechnology	160726	107023
山西煤炭化学研究所 Shanxi Inst. of Coal Chemistry	304569	159706
辽宁省、山东省 Liaoning Province and Shandong Province		
大连化学物理研究所 Dalian Inst. of Chemical Physics	1327624	563236

其他日常支出 Other daily expenditure	科技活动非基建资产性支出 Non-infrastructure assets expenditure on S&T activities	非基建的科学仪器与设备支出 Non-infrastructure expenditure on equipments	资本化的计算机软件支出 Capitalized expenditure on softwares	专利和专有技术支出 Expenditure for patents and proprietary technology
411173	149713	140494	9219	
334868	30635	25743	4679	213
464757	90754	72344	18410	
439985	108784	105217	3567	
373654	66963	50663	1340	14960
1970907	405972	378845	27127	
329958	60255	59323		932
342260	204614	199002	1611	4001
592076	135826	128776	5724	1326
282889	207443	181755	25688	
549298	1362	1362		
8502	3046	2993		53
46973	5613	4859	754	
53703	27249	27249		
144863	42465	40341		2124
764388	206819	201038	3751	2030

地区及学科 Region and field	科技活动日常性支出 Routine expenditure on S&T activities	人员费用 Personnel cost
沈阳应用生态研究所 Shenyang Inst. of Applied Ecology	225983	109844
沈阳自动化研究所 Shenyang Inst. of Automation	1561849	340526
金属研究所 Inst. of Metal Research	1036853	275471
海洋研究所 Inst. of Oceanology	525355	279090
青岛生物能源与过程研究所 Qingdao Inst. of Bioenergy and Bioprocess Technology	252771	123767
烟台海岸带研究所 Yantai Inst. of Coastal Zone Research	119483	62499
吉林省 Jilin Province		
长春应用化学研究所 Changchun Inst. of Applied Chemistry	561866	218807
东北地理与农业生态研究所 Northeast Inst. of Geography and Agroecology	224958	99290
长春光学精密机械与物理研究所 Changchun Inst. of Optics，Fine Mechanics and Physics	2522111	513689
上海市、福建省、浙江省 Shanghai, Fujian Province and Zhejiang Province		
上海应用物理研究所 Shanghai Inst. of Applied Physics	437172	141473
上海天文台 Shanghai Observatory	311826	146127
上海硅酸盐研究所 Shanghai Inst. of Ceramics	641050	308371
上海有机化学研究所 Shanghai Inst. of Organic Chemistry	572018	270044
分子细胞科学卓越创新中心 Shanghai Inst. of Biochemistry and Cell Biology	430626	199395
脑科学与智能技术卓越创新中心 Center for Excellence in Brain Science and Intelligence Technology	361265	151160

其他日常支出 Other daily expenditure	科技活动非基建资产性支出 Non-infrastructure assets expenditure on S&T activities	非基建的科学仪器与设备支出 Non-infrastructure expenditure on equipments	资本化的计算机软件支出 Capitalized expenditure on softwares	专利和专有技术支出 Expenditure for patents and proprietary technology
116139	34133	33740	393	
1221323	82310	70812	11498	
761382	362874	358988	3886	
246265	80641	79572	72	997
129004	53553	53410	143	
56984	19859	19859		
343059	213308	212491	339	478
125668	16079	15950	129	
2008422	245957	239421	5980	556
295699	62046	62046		
165699	103610	99417	86	4107
332679	150050	148679	1205	166
301974	146277	124571	21706	
231231	34179	34179		
210105	99644	99644		

地区及学科 Region and field	科技活动日常性支出 Routine expenditure on S&T activities	人员费用 Personnel cost
分子植物科学卓越创新中心 CAS Center for Excellence in Molecular Plant Sciences	414223	161914
上海营养与健康研究所 Shanghai Inst. of Nutrition And Health	330931	151246
上海巴斯德研究所 Inst. Pasteur of Shanghai	115545	53741
上海微系统与信息技术研究所 Shanghai Inst. of Microsystem and Information Technology	796263	265323
上海光学精密机械研究所 Shanghai Inst. of Optics and Fine Mechanics	886806	274089
上海技术物理研究所 Shanghai Inst. of Technical Physics	1566458	414446
上海药物研究所 Shanghai Inst. of Materia Medica	953210	367540
上海高等研究院 Shanghai Advanced Research Institute	1313242	440638
微小卫星创新研究院 Innovation Academy for Microsatellites	1823704	171048
宁波材料技术与工程研究所 Ningbo Inst. of Material Technology and Engineering	467262	251000
福建物质结构研究所 Fujian Inst. of Research on the Structure of Matter	454300	312216
城市环境研究所 Inst. of Urban Environment	207380	120743
江苏省 Jiangsu Province		
紫金山天文台 Purple Mountain Observatory	228435	123697
南京地理与湖泊研究所 Nanjing Inst. of Geography and Limnology	239784	145339
南京地质古生物研究所 Nanjing Inst. of Geology and Palaeontology	139303	66910
南京土壤研究所 Nanjing Inst. of Soil Science	270489	141515

其他日常支出 Other daily expenditure	科技活动非基建资产性支出 Non-infrastructure assets expenditure on S&T activities	非基建的科学仪器与设备支出 Non-infrastructure expenditure on equipments	资本化的计算机软件支出 Capitalized expenditure on softwares	专利和专有技术支出 Expenditure for patents and proprietary technology
252309	31331	31213	118	
179685	33409	30138	3271	
61804	24479	24477	2	
530940	178849	170858		7991
612717	156855	156707		148
1152012	228418	217524	10894	
585670	126614	126125		489
872604	229032	218108	10924	
1652656	18268	11670	6598	
216262	141137	140169	940	28
142084	44381	43240	1141	
86637	32715	30389	2326	
104738	60942	57367	1871	1704
94445	25408	25170	238	
72393	25980	25189	791	
128974	25704	24806		898

地区及学科 Region and field	科技活动日常性支出 Routine expenditure on S&T activities	人员费用 Personnel cost
苏州纳米技术与纳米仿生研究所 Suzhou Inst. of Nano-Tech and Nano-Bionics	395801	190527
苏州生物医学工程技术研究所 Suzhou Inst. of Biomedical Engineering and Technology	193941	88213
赣江创新研究院 GanJiang Innovation Academy	25288	14622
安徽省 Anhui Province		
合肥物质科学研究院 Hefei Institutes of Physical Sciences	1464993	53721
湖北省 Hubei Province		
精密测量科学与技术创新研究院 Innovation Academy for Precision Measurement Science and Technology	386905	204468
武汉岩土力学研究所 Wuhan Inst. of Rock and Soil Mechanics	257553	173665
武汉植物园 Wuhan Botanical Garden	135395	80406
水生生物研究所 Inst. of Hydrobiology	440368	167107
武汉病毒研究所 Wuhan Inst. of Virology	232199	74399
广东省、湖南省、海南省 Guangdong Province, Hunan Province and Hainan Province		
亚热带农业生态研究所 Inst. of Subtropical Agriculture	171336	86709
广州地球化学研究所 Guangzhou Inst. of Geochemistry	341097	202749
南海海洋研究所 South China Sea Inst. of Oceanology	587929	272084
华南植物园 South China Botanical Garden	261916	155215
广州能源研究所 Guangzhou Inst. of Energy Conversion	246094	119397

其他日常支出 Other daily expenditure	科技活动非基建资产性支出 Non-infrastructure assets expenditure on S&T activities	非基建的科学仪器与设备支出 Non-infrastructure expenditure on equipments	资本化的计算机软件支出 Capitalized expenditure on softwares	专利和专有技术支出 Expenditure for patents and proprietary technology
205274	67454	66724	730	
105728	21004	19959	1045	
10666	20615	19162	103	1350
1411272	197552	189164	4211	4177
182437	92134	90943	798	393
83888	55280	54682	598	
54989	7442	7422	20	
273261	64390	63399	959	32
157800	70626	70622		4
84627	24891	24187	247	457
138348	59647	58877		770
315845	44979	43620	1359	
106701	18083	18083		
126697	38878	36854	1766	258

地区及学科 Region and field	科技活动日常性支出 Routine expenditure on S&T activities	人员费用 Personnel cost
广州生物医药与健康研究院 Guangzhou Institutes of Biomedicine and Health	248850	118044
深圳先进技术研究院 Shenzhen Institutes of Advanced Technology	678395	392524
深海科学与工程研究所 Inst. of Deep-sea Science and Engineering	365443	100858
四川省、重庆市 Sichuan Province and Chongqing		
成都山地灾害与环境研究所 Chengdu Inst. of Mountain Hazards and Environment	234092	105658
成都生物研究所 Chengdu Inst. of Biology	180386	122255
光电技术研究所 Inst. of Optics and Electronics	1318398	430663
重庆绿色智能技术研究院 Chongqing Inst. of Green and Intelligent Technology	165474	102089
云南省、贵州省 Yunnan Province and Guizhou Province		
地球化学研究所 Inst. of Geochemistry	267788	156945
昆明植物研究所 Kunming Inst. of Botany	354676	197055
西双版纳热带植物园 Xishuangbanna Tropical Botanical Garden	261640	148612
昆明动物研究所 Kunming Inst. of Zoology	249973	110292
陕西省 Shaanxi Province		
国家授时中心 National Time Service Center	268443	88923
西安光学精密机械研究所 Xi'an Inst. of Optics and Precision Mechanics	874809	253825
地球环境研究所 Inst. of Earth Environment	143550	57939

续表 6-4

其他日常支出 Other daily expenditure	科技活动非基建资产性支出 Non-infrastructure assets expenditure on S&T activities	非基建的科学仪器与设备支出 Non-infrastructure expenditure on equipments	资本化的计算机软件支出 Capitalized expenditure on softwares	专利和专有技术支出 Expenditure for patents and proprietary technology
130806	46003	22118	174	23711
285871	84075	81212	383	2480
264585	501686	500844	842	
128434	22079	20324	875	880
58131	16445	15644	801	
887735	95412	93600	1614	198
63385	24057	23676	381	
110843	39782	39412	370	
157621	36709	36124		585
113028	21661	21661		
139681	45806	45483	323	
179520	11513	11513		
620984	81080	81076		4
85611	26592	26189	403	

地区及学科 Region and field	科技活动日常性支出 Routine expenditure on S&T activities	人员费用 Personnel cost
甘肃省、青海省 Gansu Province and Qinghai Province		
近代物理研究所 Inst. of Modern Physics	495035	263510
兰州化学物理研究所 Lanzhou Inst. of Chemical Physics	311237	157681
西北生态环境资源研究院 Northwest Inst. of Eco-Environment and Resources	731078	342520
新疆维吾尔自治区 Xinjiang Uygur Autonomous Region		
新疆理化技术研究所 Xinjiang Technical Inst. of Physics and Chemistry	185178	97335
新疆生态与地理研究所 Xinjiang Inst. of Ecology and Geography	243012	124602

注：科技活动经费内部支出不包括本机构委托外单位或与外单位合作而拨给对方的经费。

Note: The total internal expenditure of S&T activities does not include the funds allocated by the institution to

续表 6-4

其他日常支出 Other daily expenditure	科技活动非基建资产性支出 Non-infrastructure assets expenditure on S&T activities	非基建的科学仪器与设备支出 Non-infrastructure expenditure on equipments	资本化的计算机软件支出 Capitalized expenditure on softwares	专利和专有技术支出 Expenditure for patents and proprietary technology
231525	176669	170275	3500	2894
153556	116811	114709	1304	798
388558	120390	113255	6631	504
87843	73425	72411	155	859
118410	43241	40585	1018	1638

other units for cooperation.

6-5 科研机构基本建设投资完成情况（2020 年）

Capital Construction Expenditure in CAS Research Institutions: 2020

单位：千元 （thousand yuan）

地区及学科 Region and field	基本建设投资实际完成额 Actual expenditure in capital construction investment	科研仪器设备 Scientific research instruments and equipment	科研土建工程 Civil engineering projects for scientific research	生产经营土建与设备 Civil engineering for production, operation and equipment	生活土建与设备 Civil engineering for living and equipment
总计 Total	**5927887**	**1519826**	**4393578**	**7611**	**6872**
一、按地区、分院分 By region and branch					
北京市、天津市、山西省 Beijing，Tianjin and Shanxi Province	2852679	1079284	1765784	7611	
沈阳分院 Shenyang Branch	263534	18557	244485		492
长春分院 Changchun Branch	106058	9392	96666		
上海分院 Shanghai Branch	868753	155936	712817		
南京分院 Nanjing Branch	804195	37261	766934		
合肥地区 Hefei Area	295081	66716	228365		
武汉分院 Wuhan Branch	33532	12985	20547		
广州分院 Guangzhou Branch	171569	29618	135571		6380
成都分院 Chengdu Branch	33261	4116	29145		
昆明分院 Kunming Branch	114632		114632		

续表 6-5

地区及学科 Region and field	基本建设投资实际完成额 Actual expenditure in capital construction investment	科研仪器设备 Scientific research instruments and equipment	科研土建工程 Civil engineering projects for scientific research	生产经营土建与设备 Civil engineering for production, operation and equipment	生活土建与设备 Civil engineering for living and equipment
西安分院 Xi'an Branch	110423	55320	55103		
兰州分院 Lanzhou Branch	67426	50223	17203		
新疆分院 Xinjiang Branch	206744	418	206326		
二、按学科分 By field					
数学、物理 Mathematics & physics	1821175	714608	1098956	7611	
化学与化工 Chemistry & chemical engineering	595903	94000	501903		
地学 Earth sciences	800860	227014	573846		
生物学 Biological sciences	315295	6920	308375		
技术科学 Technological sciences	2394654	477284	1910498		6872
其他 Others					

6-6 科研机构科研仪器设备原值情况（2020 年）

Original Value of Scientific Equipment and Instrumentation in CAS Research Institutions: 2020

单位：千元 （thousand yuan）

地区、学科及科研单位 Region，field and research institution	科学仪器设备 Scientific Equipment and Instrumentation			
	科学仪器设备总额 Total amount of scientific instruments and equipment	100 万以上 Above 1 million	科学仪器设备数量（套） Quantity of scientific instruments and equipment(set)	100 万以上（套） Above 1 million(set)
总计 Total	**80443993**	**36125638**	**1213354**	**11988**
一、按地区、分院分 By region and branch				
北京市、天津市、山西省 Beijing，Tianjin and Shanxi Province	31741819	13013874	528848	4666
沈阳分院 Shenyang Branch	6947036	3300844	96938	954
长春分院 Changchun Branch	3512407	2300878	36923	690
上海分院 Shanghai Branch	17061384	8161232	202428	2616
南京分院 Nanjing Branch	2461462	894716	42156	366
合肥地区 Hefei Area	2948660	1507410	29569	457
武汉分院 Wuhan Branch	1860550	625763	40069	250
广州分院 Guangzhou Branch	4253059	2248861	68934	469
成都分院 Chengdu Branch	1897875	1125031	23332	353
昆明分院 Kunming Branch	1419684	641403	32725	227
西安分院 Xi’an Branch	1914781	832403	19893	323
兰州分院 Lanzhou Branch	3795631	1305972	75210	537
新疆分院 Xinjiang Branch	629645	167251	16329	80
二、按学科分 By field				
数学、物理 Mathematics & physics	21448309	9544113	274253	3003
化学与化工 Chemistry & chemical engineering	12371935	5266062	221803	2017
地学 Earth sciences	8646706	3563020	178104	1094

地区、学科及科研单位 Region，field and research institution	科学仪器设备 Scientific Equipment and Instrumentation			
	科学仪器设备总额 Total amount of scientific instruments and equipment	100 万以上 Above 1 million	科学仪器设备数量（套） Quantity of scientific instruments and equipment(set)	100 万以上（套） Above 1 million(set)
生物学 Biological sciences	11639342	4375669	245274	1668
技术科学 Technological sciences	26254449	13365817	289359	4203
其他 Others	83252	10957	4561	3
三、按科研单位分 By institute				
北京市、天津市、山西省 Beijing，Tianjin and Shanxi Province				
数学与系统科学研究院 Academy of Mathematics and Systems Science	82445		899	
物理研究所 Inst. of Physics	1958522	899310	21961	334
声学研究所 Inst. of Acoustics	1095943	549718	11545	144
理论物理研究所 Inst. of Theoretical Physics	66065	57655	651	14
理化技术研究所 Technical Inst. of Physics and Chemistry	1203664	490425	18184	172
高能物理研究所 Inst. of High Energy Physics	4105294	1727050	53059	642
国家天文台 National Astronomical Observatories of China	2354549	1515332	20289	276
力学研究所 Inst. of Mechanics	731467	213817	14242	82
化学研究所 Inst. of Chemistry	1293052	436503	24130	188
生态环境研究中心 Research Center for Eco-Environmental Sciences	730445	256313	25791	115
国家纳米科学中心 National Center for Nanoscience and Technology	504321	235845	7288	96
过程工程研究所 Inst. of Process Engineering	1162753	363801	24839	168

续表 6-6

地区、学科及科研单位 Region, field and research institution	科学仪器设备 Scientific Equipment and Instrumentation			
	科学仪器设备总额 Total amount of scientific instruments and equipment	100 万以上 Above 1 million	科学仪器设备数量（套） Quantity of scientific instruments and equipment(set)	100 万以上（套） Above 1 million(set)
地理科学与资源研究所 Inst. of Geographic Sciences and Natural Resources Research	492401	103484	19670	48
青藏高原研究所 Inst. of Tibetan Plateau Research	271204	66262	7454	27
地质与地球物理研究所 Inst. of Geology and Geophysics	903054	474718	13004	133
古脊椎动物与古人类研究所 Inst. of Vertebrate Paleontology and Paleoanthropology	96858	45787	501	21
大气物理研究所 Inst. of Atmospheric Physics	637947	218620	14805	78
植物研究所 Inst. of Botany	532010	157655	14228	70
动物研究所 Inst. of Zoology	524368	210751	17569	92
心理研究所 Inst. of Psychology	163817	46249	5043	19
微生物研究所 Inst. of Microbiology	482255	109146	12442	52
生物物理研究所 Inst. of Biophysics	1085584	568424	16207	169
遗传与发育生物学研究所 Inst. of Genetics and Developmental Biology	767002	269131	17007	115
北京基因组研究所 Beijing Inst. of Genomics	172981	107865	2476	38
计算技术研究所 Inst. of Computing Technology	561195	136242	16097	65
软件研究所 Inst. of Software	219800	39045	7617	20
信息工程研究所 Inst.of Information Engineering	399134	48110	12996	23
半导体研究所 Inst. of Semiconductors	1194795	616607	7941	240
微电子研究所 Inst. of Microelectronics	1033357	702565	6629	219

地区、学科及科研单位 Region，field and research institution	科学仪器设备 Scientific Equipment and Instrumentation			
	科学仪器设备总额 Total amount of scientific instruments and equipment	100 万以上 Above 1 million	科学仪器设备数量（套） Quantity of scientific instruments and equipment(set)	100 万以上（套） Above 1 million(set)
空天信息创新研究院 Aerospace Information Research Institute	3007606	1278534	35417	529
电工研究所 Inst. of Electrical Engineering	543321	158547	7597	82
工程热物理研究所 Inst. of Engineering Thermophysics	550386	187796	7505	85
国家空间科学中心 National Space Science Center	691498	201368	16490	96
空间应用工程与技术中心 Technology and Engineering Center for Space Utilization	369967	11216	6353	7
自动化研究所 Inst. of Automation	770056	200365	14458	70
自然科学史研究所 Inst. of History of Natural Sciences	20851	1269	1950	1
科技战略咨询研究院 Inst. of Science and Development	62401	9688	2611	2
天津工业生物技术研究所 Tianjin Inst. of Industrial Biotechnology	231561	98548	4227	43
山西煤炭化学研究所 Shanxi Inst. of Coal Chemistry	667890	200113	17676	91
辽宁省、山东省 Liaoning Province and Shandong Province				
大连化学物理研究所 Dalian Inst. of Chemical Physics	2415391	1106681	35862	322
沈阳应用生态研究所 Shenyang Inst. of Applied Ecology	285174	47957	10278	28
沈阳自动化研究所 Shenyang Inst. of Automation	524431	210069	6312	93
金属研究所 Inst. of Metal Research	1614539	959025	13960	303
海洋研究所 Inst. of Oceanology	1597328	847141	17449	151
青岛生物能源与过程研究所 Qingdao Inst. of Bioenergy and Bioprocess Technology	302500	75728	5493	37

续表 6-6

地区、学科及科研单位 Region，field and research institution	科学仪器设备 Scientific Equipment and Instrumentation			
	科学仪器设备总额 Total amount of scientific instruments and equipment	100 万以上 Above 1 million	科学仪器设备数量（套） Quantity of scientific instruments and equipment(set)	100 万以上（套） Above 1 million(set)
烟台海岸带研究所 Yantai Inst. of Coastal Zone Research	207673	54243	7584	20
吉林省 Jilin Province				
长春应用化学研究所 Changchun Inst. of Applied Chemistry	1035988	426296	14541	202
东北地理与农业生态研究所 Northeast Inst. of Geography and Agroecology	193987	193987	6976	14
长春光学精密机械与物理研究所 Changchun Inst. of Optics，Fine Mechanics and Physics	2282432	1680595	15406	474
上海市、福建省、浙江省 Shanghai, Fujian Province and Zhejiang Province				
上海应用物理研究所 Shanghai Inst. of Applied Physics	2419905	1079286	25511	342
上海天文台 Shanghai Observatory	602064	291143	5804	75
上海硅酸盐研究所 Shanghai Inst. of Ceramics	1403166	780686	10864	250
上海有机化学研究所 Shanghai Inst. of Organic Chemistry	954289	449745	19170	185
分子细胞科学卓越创新中心 Shanghai Inst. of Biochemistry and Cell Biology	667805	228833	12586	101
脑科学与智能技术卓越创新中心 Center for Excellence in Brain Science and Intelligence Technology	479553	126325	10564	45
分子植物科学卓越创新中心 CAS Center for Excellence in Molecular Plant Sciences	699245	252114	13898	99
上海营养与健康研究所 Shanghai Inst. of Nutrition And Health	668806	138216	10132	61
上海巴斯德研究所 Inst. Pasteur of Shanghai	106069	28160	2849	14
上海微系统与信息技术研究所 Shanghai Inst. of Microsystem and Information Technology	1658368	1101595	4278	279
上海光学精密机械研究所 Shanghai Inst. of Optics and Fine Mechanics	1917116	1180669	12860	215

地区、学科及科研单位 Region，field and research institution	科学仪器设备 Scientific Equipment and Instrumentation			
	科学仪器设备总额 Total amount of scientific instruments and equipment	100 万以上 Above 1 million	科学仪器设备数量（套） Quantity of scientific instruments and equipment(set)	100 万以上（套） Above 1 million(set)
上海技术物理研究所 Shanghai Inst. of Technical Physics	1794659	1011106	12450	386
上海药物研究所 Shanghai Inst. of Materia Medica	1034573	511211	11417	175
上海高等研究院 Shanghai Advanced Research Institute	729753	243078	9766	80
微小卫星创新研究院 Innovation Academy for Microsatellites	286828	106931	3079	28
宁波材料技术与工程研究所 Ningbo Inst. of Material Technology and Engineering	739694	295203	10398	132
福建物质结构研究所 Fujian Inst. of Research on the Structure of Matter	633230	248910	20136	107
城市环境研究所 Inst. of Urban Environment	266261	88021	6666	42
江苏省 Jiangsu Province				
紫金山天文台 Purple Mountain Observatory	611549	179654	13113	85
南京地理与湖泊研究所 Nanjing Inst. of Geography and Limnology	297542	56057	5651	33
南京地质古生物研究所 Nanjing Inst. of Geology and Palaeontology	139091	62110	981	22
南京土壤研究所 Nanjing Inst. of Soil Science	311924	86096	7037	42
苏州纳米技术与纳米仿生研究所 Suzhou Inst. of Nano-Tech and Nano-Bionics	799718	392084	10967	136
苏州生物医学工程技术研究所 Suzhou Inst. of Biomedical Engineering and Technology	290845	118715	3559	48
赣江创新研究院 GanJiang Innovation Academy	10793		848	
安徽省 Anhui Province				
合肥物质科学研究院 Hefei Institutes of Physical Sciences	2948660	1507410	29569	457
湖北省 Hubei Province				

续表 6-6

地区、学科及科研单位 Region，field and research institution	科学仪器设备 Scientific Equipment and Instrumentation			
	科学仪器设备总额 Total amount of scientific instruments and equipment	100 万以上 Above 1 million	科学仪器设备数量（套） Quantity of scientific instruments and equipment(set)	100 万以上（套） Above 1 million(set)
精密测量科学与技术创新研究院 Innovation Academy for Precision Measurement Science and Technology	765561	258884	13241	94
武汉岩土力学研究所 Wuhan Inst. of Rock and Soil Mechanics	205735	26786	7793	12
武汉植物园 Wuhan Botanical Garden	125827	31269	3728	16
水生生物研究所 Inst. of Hydrobiology	378282	120304	10239	80
武汉病毒研究所 Wuhan Inst. of Virology	385145	188520	5068	48
广东省、湖南省、海南省 Guangdong Province, Hunan Province and Hainan Province				
亚热带农业生态研究所 Inst. of Subtropical Agriculture	138394	21040	4379	10
广州地球化学研究所 Guangzhou Inst. of Geochemistry	574620	337038	8088	100
南海海洋研究所 South China Sea Inst. of Oceanology	751926	217276	14925	84
华南植物园 South China Botanical Garden	160460	104318	5653	19
广州能源研究所 Guangzhou Inst. of Energy Conversion	305992	119404	7934	48
广州生物医药与健康研究院 Guangzhou Institutes of Biomedicine and Health	445917	251060	7680	64
深圳先进技术研究院 Shenzhen Institutes of Advanced Technology	836586	251373	16416	107
深海科学与工程研究所 Inst. of Deep-sea Science and Engineering	1039164	947352	3859	37
四川省、重庆市 Sichuan Province and Chongqing				
成都山地灾害与环境研究所 Chengdu Inst. of Mountain Hazards and Environment	179676	24255	5844	13
成都生物研究所 Chengdu Inst. of Biology	148937	46485	5432	22
光电技术研究所 Inst. of Optics and Electronics	1256303	902319	6146	267

地区、学科及科研单位 Region，field and research institution	科学仪器设备 Scientific Equipment and Instrumentation			
	科学仪器设备总额 Total amount of scientific instruments and equipment	100 万以上 Above 1 million	科学仪器设备数量（套） Quantity of scientific instruments and equipment(set)	100 万以上（套） Above 1 million(set)
重庆绿色智能技术研究院 Chongqing Inst. of Green and Intelligent Technology	312959	151972	5910	51
云南省、贵州省 Yunnan Province and Guizhou Province				
地球化学研究所 Inst. of Geochemistry	369376	209854	6642	66
昆明植物研究所 Kunming Inst. of Botany	416837	198322	8880	59
西双版纳热带植物园 Xishuangbanna Tropical Botanical Garden	201838	48791	8902	23
昆明动物研究所 Kunming Inst. of Zoology	431633	184436	8301	79
陕西省 Shaanxi Province				
国家授时中心 National Time Service Center	791155	315440	8889	95
西安光学精密机械研究所 Xi'an Inst. of Optics and Precision Mechanics	838156	365847	7396	173
地球环境研究所 Inst. of Earth Environment	285470	151116	3608	55
甘肃省、青海省 Gansu Province and Qinghai Province				
近代物理研究所 Inst. of Modern Physics	1962192	596984	35828	226
兰州化学物理研究所 Lanzhou Inst. of Chemical Physics	771692	369085	10539	157
西北生态环境资源研究院 Northwest Inst. of Eco-Environment and Resources	1061747	339903	28843	154
新疆维吾尔自治区 Xinjiang Uygur Autonomous Region				
新疆理化技术研究所 Xinjiang Technical Inst. of Physics and Chemistry	309100	94103	6916	47
新疆生态与地理研究所 Xinjiang Inst. of Ecology and Geography	320545	73148	9413	33

6-7 科研机构研究与试验发展人员全时当量

Full-time Equivalent of R&D Personnel in Research Institutions

单位：人•年 （person • year）

年份 Year	研究与试验发展人员全时当量 Total full-time equivalent of R&D personnel (A)	基础研究 Basic research	应用研究 Applied research	试验发展 Experimental development	其中：科学家和工程师 Of which: Scientists and engineers (B)	比重 Percentage of total (B/A)
1996	30677	10890	16259	3528	25455	83
1997	30181	10956	16237	2988	25085	83.1
1998	30611	11295	16591	2725	26585	86.8
1999	28436	10408	15810	2218	24771	87.1
2000	28084	11262	14940	1882	24666	87.8
2001	25199	10584	13154	1461	22541	89.5
2002	27646	11114	15205	1327	23413	84.7
2003	30937	12529	16892	1516	25903	83.7
2004	34898	14521	18901	1476	29457	84.4
2005	37246	15494	20076	1676	31014	83.3
2006	38911	17061	19283	2567	31589	81.2
2007	44307	14653	25205	4449	37026	83.6
2008	45358	15713	25235	4410	37416	82.5
2009	51230	18224	29378	3628		
2010	56015	20203	31829	3983		
2011	61859	23325	33917	4617		
2012	67767	26893	36258	4616		
2013	73561	29335	39109	5117		
2014	76008	32358	37823	5827		
2015	82827	35296	41674	5857		
2016	76604	32173	39786	4645		
2017	78711	35171	38614	4926		
2018	80405	34011	38844	7549		
2019	86289	34257	43144	8888		
2020	98744	42518	45875	10351		

注：R&D 人员折合全时工作量=R&D 课题人员折合全时工作量+管理 R&D 课题的科技管理人员和为 R&D 课题提供直接服务的科技服务人员的折合全时工作量。

Note: The full-time equivalent of R&D personnel is equivalent to the full-time equivalent of R&D project personnel plus that of management and service personnel directly for the R&D projects.

6-8 科研机构研究与试验发展经费支出

Research Institution R&D Expenditure

单位：亿元 （100 million yuan）

年份 Year	研究与试验发展经费支出 Total R&D expenditure	基础研究 Basic research	比重 Percentage of total	应用研究 Applied research	比重 Percentage of total	试验发展 Experimental development	比重 Percentage of total	占全国R&D经费支出% Percentage of national R&D expenditure
1996	21.9	6.88	31.4	11.11	50.7	3.91	17.9	5.4
1997	24.73	7.62	30.8	13.52	54.7	3.59	14.5	4.9
1998	27.33	8.66	31.7	14.84	54.3	3.83	14	5
1999	31.24	10.62	34	16.81	53.8	3.81	12.2	4.6
2000	40.28	14.82	36.8	21.7	53.9	3.76	9.3	4.5
2001	53.6	21.35	39.8	28.05	52.3	4.2	7.9	5.1
2002	78.08	29.2	37.4	43.33	55.5	5.55	7.1	6.1
2003	82.84	29.99	36.2	46.86	56.6	5.99	7.2	5.4
2004	93.2	33.53	36	53.39	57.3	6.28	6.7	4.7
2005	106.57	36.55	34.3	62.24	58.4	7.78	7.3	4.4
2006	109.87	40.98	37.3	58.12	52.9	10.77	9.8	3.7
2007	125.25	41.42	33.1	71.25	56.9	12.58	10	3.4
2008	153.53	53.27	34.7	85.42	55.6	14.93	9.7	3.3
2009	199.98	71.14	35.6	114.68	57.3	14.16	7.1	3.7
2010	223.61	80.65	36.1	127.06	56.8	15.9	7.1	3.2
2011	273.08	102.97	37.7	149.73	54.8	20.38	7.5	3.2
2012	320.3	127.11	39.7	171.38	53.5	21.82	6.8	3.1
2013	350.71	139.86	39.9	186.45	53.1	24.4	7	3
2014	384.87	163.85	42.6	191.52	49.8	29.5	7.7	3
2015	414.82	176.77	42.6	208.71	50.3	29.33	7.1	2.9
2016	411.4	172.79	42	213.68	51.9	24.94	6.1	2.6
2017	440.68	196.91	44.7	216.19	49.1	27.58	6.2	2.5
2018	537.86	227.52	42.3	259.85	48.3	50.5	9.4	2.7
2019	692.58	274.95	39.7	346.29	50	71.34	10.3	3.2
2020	709.07	305.32	43.1	329.42	46.5	74.33	10.5	

注：研究与试验发展经费支出包括用于 R&D 活动的科研基建费。

Note: The total R&D expenditure includes the capital construction of scientific research for R&D activities.

6-9 科研机构科技活动课题基本情况

Basic Statistics of S&T Projects in CAS Research Institutions

年份 Year	课题数 Projects	课题经费支出（千元） Expenditure by project (thousand yuan)	课题参加人员全时当量（人·年） Full-time equivalent of project participants (person • year)	科学家和工程师 Scientists & engineers
1985	6220	298448	30650	23756
1986	6217	256235	30337	23144
1987	7091	334353	29125	22989
1988	7579	406347	29565	24477
1989	8287	478258	31015	26115
1990	8476	500561	30283	26780
1991	8051	472828	25463	22063
1992	9503	665757	24769	22342
1993	9922	818096	26405	24010
1994	9996	1129106	25374	23149
1995	10139	1169028	23382	21774
1996	9359	1144557	22742	21341
1997	10011	1475554	24437	22945
1998	10738	1626599	24665	23173
1999	10346	1967568	23206	21989
2000	10745	2622420	23202	21832
2001	10370	3084858	22009	20737
2002	10997	3958123	26454	23989
2003	11491	4358637	27101	24709
2004	12026	4968575	30408	28297
2005	12712	5526474	33360	30711
2006	14400	5778352	34753	32247
2007	17699	7473185	40283	38765
2008	19908	9148493	41027	39178
2009	23180	11576790	45694	
2010	25421	14214655	49403	
2011	28724	16997083	54098	
2012	32270	20686633	59645	
2013	35435	23281013	65263	
2014	38839	24129693	66286	
2015	42003	26280898	67084	
2016	43676	25612960	63070	
2017	48033	28778154	65955	
2018	50584	36102674	65381	
2019	57094	42965073	72071	
2020	63637	49280337	78280	

注：1. 课题数包括基础研究、应用研究、试验发展、研究与试验发展成果应用、科技服务和生产性活动课题。
Note: The figures include projects in basic research, applied research, experimental development, application of research and experimental development results, scientific and technical services and productive activities.
2. 课题参加人员全时当量包括参与全部课题的本单位人员及流动人员。
The full-time equivalent of project participants includes those who are from the institute as well as the staff on mobility for the project.

6-10 科研机构科技活动课题综合情况（2020 年）

Statistics of S&T Projects in CAS Research Institutions: 2020

地区及学科 Region and field	课题数 Projects	当年开题 Number of projects started	课题经费支出（千元） Expenditure by project (thousand yuan)	课题参加人员全时当量（人·年） Full-time equivalent of project participants (person • year)	研究人员 Researchers
总计 Total	**63637**	**17576**	**49280337**	**78280**	**66722**
一、按地区、分院分 By region and branch					
北京市、天津市、山西省 Beijing，Tianjin and Shanxi Province	26930	7907	20407777	30926	26666
沈阳分院 Shenyang Branch	4702	1228	3574709	6772	6106
长春分院 Changchun Branch	2642	719	3069594	4413	2964
上海分院 Shanghai Branch	9607	2293	10918083	13442	10635
南京分院 Nanjing Branch	2791	764	1209093	2720	2443
合肥地区 Hefei Area	1028	359	1304644	1992	1818
武汉分院 Wuhan Branch	2462	655	1332633	2660	2357
广州分院 Guangzhou Branch	4404	1189	2256861	5082	4596
成都分院 Chengdu Branch	1936	574	1504135	2695	2240
昆明分院 Kunming Branch	2189	475	754884	2092	1921
西安分院 Xi’an Branch	1273	374	1045990	1208	1041
兰州分院 Lanzhou Branch	2721	790	1484780	3108	2917
新疆分院 Xinjiang Branch	952	249	417154	1170	1017
二、按学科分 By field					
数学、物理 Mathematics & physics	9537	2692	8243161	12593	10067
化学与化工 Chemistry & chemical engineering	8966	2427	5500896	11720	10395
地学 Earth sciences	11522	3134	5043796	10815	10208
生物学 Biological sciences	13680	3447	7340716	17164	15445
技术科学 Technological sciences	19215	5562	23021354	25498	20144
其他 Others	717	314	130414	491	463

注：课题参加人员指参与课题研究的本单位人员、在学研究生、在站博士后、客座人员及外聘人员等。
Note: The project participants refers to the institution staff, post graduates, post doctorate researchers, visiting scholars and invited staff who are participating in project research.

6-11 科研机构科技活动

Total S&T Projects in CAS Research

地区及学科 Region and field	基础研究课题 Basic research			
	课题数 Projects	课题经费支出（千元） Expenditure by project (thousand yuan)	课题参加人员全时当量（人·年） Full-time equivalent of project participants (person·year)	课题数 Projects
总计 Total	**30291**	**19610149**	**38826**	**28356**
一、按地区、分院分 By region and branch				
北京市、天津市、山西省 Beijing，Tianjin and Shanxi Province	12750	9104855	16591	13354
沈阳分院 Shenyang Branch	1965	1025217	3042	2190
长春分院 Changchun Branch	861	893738	2421	1137
上海分院 Shanghai Branch	5154	3919765	6067	3412
南京分院 Nanjing Branch	877	372087	931	1902
合肥地区 Hefei Area	456	810147	927	558
武汉分院 Wuhan Branch	1599	806154	1760	630
广州分院 Guangzhou Branch	2205	1104405	2438	1441
成都分院 Chengdu Branch	478	145200	614	1095
昆明分院 Kunming Branch	1811	607055	1748	331
西安分院 Xi’an Branch	347	169072	388	791
兰州分院 Lanzhou Branch	1394	521757	1484	1063
新疆分院 Xinjiang Branch	394	130697	415	452

课题按活动类型分类（2020 年）
Institutions, by Type of Research: 2020

应用研究课题 Applied research		试验发展课题 Experimental development		
课题经费支出（千元）Expenditure by project (thousand yuan)	课题参加人员全时当量（人·年）Full-time equivalent of project participants (person·year)	课题数 Projects	课题经费支出（千元）Expenditure by project (thousand yuan)	课题参加人员全时当量（人·年）Full-time equivalent of project participants (person·year)
22491862	**32479**	**2758**	**5334165**	**4529**
10606021	13345	318	259771	443
1909243	3007	215	142864	419
635470	859	629	1522348	1099
4206257	5670	794	2474786	1309
824383	1743	5	11165	41
484940	1041	5	3281	14
345014	634	164	138972	161
735648	1759	258	200069	450
941203	1505	142	254628	307
107038	268	8	18343	34
639755	712	119	207686	93
850860	1338	78	45974	101
206030	600	23	54278	59

地区及学科 Region and field	基础研究课题 Basic research			
	课题数 Projects	课题经费支出（千元） Expenditure by project (thousand yuan)	课题参加人员全时当量（人·年） Full-time equivalent of project participants (person · year)	课题数 Projects
二、按学科分 By field				
数学、物理 Mathematics & physics	5364	4282054	6879	3400
化学与化工 Chemistry & chemical engineering	4050	2656567	6585	4603
地学 Earth sciences	7035	3349151	7302	3354
生物学 Biological sciences	8346	4542393	10500	4822
技术科学 Technological sciences	5355	4736471	7352	11612
其他 Others	141	43513	207	565

地区及学科 Region and field	研究与试验发展成果应用课题 Application of R&D results		
	课题数 Projects	课题经费支出（千元） Expenditure by project (thousand yuan)	课题参加人员全时当量（人·年） Full-time equivalent of project participants (person · year)
总计 Total	**717**	**1200052**	**1237**
一、按地区、分院分 By region and branch			
北京市、天津市、山西省 Beijing，Tianjin and Shanxi Province	165	249196	242
沈阳分院 Shenyang Branch	179	467902	257
长春分院 Changchun Branch	11	17874	29
上海分院 Shanghai Branch	104	186541	231
南京分院 Nanjing Branch			

续表 6-11

应用研究课题 Applied research		试验发展课题 Experimental development		
课题经费支出（千元）Expenditure by project (thousand yuan)	课题参加人员全时当量（人·年）Full-time equivalent of project participants (person · year)	课题数 Projects	课题经费支出（千元）Expenditure by project (thousand yuan)	课题参加人员全时当量（人·年）Full-time equivalent of project participants (person · year)
3288020	4780	541	548453	643
2662696	4691	115	86826	147
1324131	2721	311	142498	329
2471379	5789	242	168220	517
12659554	14223	1549	4388168	2893
86082	276			

科技服务课题 S&T services		
课题数 Projects	课题经费支出（千元）Expenditure by project (thousand yuan)	课题参加人员全时当量（人·年）Full-time equivalent of project participants (person · year)
1510	**642745**	**1207**
343	187934	306
153	29483	47
4	164	5
143	130734	166
7	1458	6

地区及学科 Region and field	研究与试验发展成果应用课题 Application of R&D results		
	课题数 Projects	课题经费支出（千元） Expenditure by project (thousand yuan)	课题参加人员全时当量（人・年） Full-time equivalent of project participants (person・year)
合肥地区 Hefei Area	2	2022	3
武汉分院 Wuhan Branch	29	18492	56
广州分院 Guangzhou Branch	122	91077	179
成都分院 Chengdu Branch	51	117569	163
昆明分院 Kunming Branch	6	3338	10
西安分院 Xi'an Branch	10	28720	10
兰州分院 Lanzhou Branch	24	10673	41
新疆分院 Xinjiang Branch	14	6648	17
二、按学科分 By field			
数学、物理 Mathematics & physics	67	39356	84
化学与化工 Chemistry & chemical engineering	110	65433	195
地学 Earth sciences	53	34676	80
生物学 Biological sciences	45	24851	84
技术科学 Technological sciences	442	1035736	795
其他 Others			

科技服务课题 S&T services		
课题数 Projects	课题经费支出（千元）Expenditure by project (thousand yuan)	课题参加人员全时当量（人·年）Full-time equivalent of project participants (person·year)
7	4254	9
40	24001	49
378	125662	256
170	45535	105
33	19110	33
6	757	4
157	54152	141
69	19501	80
165	85278	207
88	29374	102
764	191976	381
225	133873	274
257	201425	235
11	819	8

6-12 科研机构科技活动

Total S&T Projects in CAS Research

地区及学科 Region and field	国家 State			
	课题数 Projects	课题经费支出（千元） Expenditure by project (thousand yuan)	课题参加人员全时当量（人·年） Full-time equivalent of project participants (person·year)	课题数 Projects
总计 Total	**27580**	**21014932**	**35948**	**10733**
一、按地区、分院分 By region and branch				
北京市、天津市、山西省 Beijing，Tianjin and Shanxi Province	12556	8674488	15848	4767
沈阳分院 Shenyang Branch	2289	1470794	3306	702
长春分院 Changchun Branch	1072	1337884	1424	412
上海分院 Shanghai Branch	4089	4884594	5775	1538
南京分院 Nanjing Branch	1367	515984	1188	419
合肥地区 Hefei Area	400	436970	843	221
武汉分院 Wuhan Branch	1091	575082	1302	363
广州分院 Guangzhou Branch	1642	857571	2031	530
成都分院 Chengdu Branch	632	788684	1224	284
昆明分院 Kunming Branch	823	273327	858	508
西安分院 Xi'an Branch	399	627739	556	201
兰州分院 Lanzhou Branch	979	465137	1280	517
新疆分院 Xinjiang Branch	241	106678	313	271

课题按主要任务来源分类（2020 年）

Institutions, by Source of Project: 2020

中国科学院 CAS		地方 Locality		
课题经费支出（千元）Expenditure by project (thousand yuan)	课题参加人员全时当量（人·年）Full-time equivalent of project participants (person · year)	课题数 Projects	课题经费支出（千元）Expenditure by project (thousand yuan)	课题参加人员全时当量（人·年）Full-time equivalent of project participants (person · year)
13577397	**15960**	**8103**	**4000503**	**8984**
6318803	6538	1425	789728	1576
967119	1380	641	176588	763
641369	726	345	143589	418
2734673	2645	2028	1837438	2644
320413	504	308	81234	265
304962	526	135	31517	188
379677	444	291	115130	342
663551	799	1081	411598	1369
158471	426	491	108574	410
272044	524	473	78874	312
135966	216	105	35040	76
516121	826	481	126703	340
164228	407	299	64490	282

地区及学科 Region and field	国家 State			
	课题数 Projects	课题经费支出（千元） Expenditure by project (thousand yuan)	课题参加人员全时当量（人・年） Full-time equivalent of project participants (person・year)	课题数 Projects
二、按学科分 By field				
数学、物理 Mathematics & physics	4113	2707575	5617	1965
化学与化工 Chemistry & chemical engineering	4105	2147806	5045	1331
地学 Earth sciences	4878	2111698	5161	1934
生物学 Biological sciences	6122	3092313	8021	2529
技术科学 Technological sciences	8099	10920798	11899	2786
其他 Others	263	34742	205	188

地区及学科 Region and field	企业委托 Entrusted by enterprises			
	课题数 Projects	课题经费支出（千元） Expenditure by project (thousand yuan)	课题参加人员全时当量（人・年） Full-time equivalent of project participants (person・year)	课题数 Projects
总计 Total	**8089**	**5090388**	**6987**	**4085**
一、按地区、分院分 By region and branch				
北京市、天津市、山西省 Beijing，Tianjin and Shanxi Province	4096	2279011	3159	1773
沈阳分院 Shenyang Branch	715	791663	835	201
长春分院 Changchun Branch	271	144845	216	158
上海分院 Shanghai Branch	692	693406	783	755
南京分院 Nanjing Branch	362	126023	274	202

中国科学院 CAS		地方 Locality		
课题经费支出（千元）Expenditure by project (thousand yuan)	课题参加人员全时当量（人·年）Full-time equivalent of project participants (person·year)	课题数 Projects	课题经费支出（千元）Expenditure by project (thousand yuan)	课题参加人员全时当量（人·年）Full-time equivalent of project participants (person·year)
3037824	3300	745	468751	813
1587965	1861	1176	364309	1440
1723895	2266	1937	468849	1363
2214610	3904	2081	832368	2345
4946379	4459	2110	1858775	3005
66724	170	54	7451	18

研究所自选 Institute self-selection		国际合作 International cooperation		
课题经费支出（千元）Expenditure by project (thousand yuan)	课题参加人员全时当量（人·年）Full-time equivalent of project participants (person·year)	课题数 Projects	课题经费支出（千元）Expenditure by project (thousand yuan)	课题参加人员全时当量（人·年）Full-time equivalent of project participants (person·year)
2485377	**5737**	**470**	**225478**	**585**
1177331	1766	212	89471	302
127221	359	19	7016	26
197847	1101	14	4082	9
487844	1144	101	22031	81
116099	380	17	7663	21

地区及学科 Region and field	企业委托 Entrusted by enterprises			
	课题数 Projects	课题经费支出（千元） Expenditure by project (thousand yuan)	课题参加人员全时当量（人・年） Full-time equivalent of project participants (person・year)	课题数 Projects
合肥地区 Hefei Area	123	74795	129	38
武汉分院 Wuhan Branch	348	157382	258	134
广州分院 Guangzhou Branch	637	172002	442	278
成都分院 Chengdu Branch	322	393194	484	69
昆明分院 Kunming Branch	137	25612	79	142
西安分院 Xi'an Branch	54	12814	32	54
兰州分院 Lanzhou Branch	294	209399	262	212
新疆分院 Xinjiang Branch	38	10242	34	69
二、按学科分 By field				
数学、物理 Mathematics & physics	1088	719386	1019	777
化学与化工 Chemistry & chemical engineering	1288	701686	1173	535
地学 Earth sciences	988	229291	503	782
生物学 Biological sciences	1190	355268	1045	1068
技术科学 Technological sciences	3507	3080494	3235	847
其他 Others	28	4263	13	76

续表 6-12

研究所自选 Institute self-selection		国际合作 International cooperation		
课题经费支出（千元）Expenditure by project (thousand yuan)	课题参加人员全时当量（人·年）Full-time equivalent of project participants (person·year)	课题数 Projects	课题经费支出（千元）Expenditure by project (thousand yuan)	课题参加人员全时当量（人·年）Full-time equivalent of project participants (person·year)
28065	76	5	38060	2
45939	142	7	1660	11
68648	166	33	16331	44
22057	57	10	3217	4
71987	230	8	1635	4
23319	52	4	1971	11
78225	197	14	6577	12
40795	68	26	25764	59
401578	914	74	76229	67
450390	1687	59	16981	68
268921	798	75	33719	154
640589	1225	158	49488	167
717326	1076	96	48212	122
6573	37	8	849	8

6-13 科研机构科技活动课题按技术领域分类（2020 年）
Total S&T Projects in CAS Research Institutions, by Field of Technology: 2020

技术领域 Field of technology	课题数 Projects	课题经费支出 （千元） Expenditure by project (thousand yuan)	课题参加人员全时当量 （人・年） Full-time equivalent of project participants (person・year)
合计 Total	**53234**	**42926999**	**64148**
信息技术 Information technology	10859	10793756	13117
生物和现代农业技术 Biotechnology & modern agricultural technology	10976	6330736	12633
新材料技术 New materials technology	6745	4421165	7691
能源技术 Energy technology	3517	3055912	5452
激光技术 Laser technology	759	1525747	1690
先进制造与自动化技术 Advanced manufacturing & automation technology	1493	1852037	2332
航天技术 Space technology	1463	4467851	2575
资源与环境技术 Resources & environmental technology	11806	5787099	11273
其他技术领域 Other technologies	5616	4692696	7387

6-14 科研机构科技著作

S&T Works Published by CAS Research Institutions

年份 Year	科技专著 S&T works		译成外文 Those translated into foreign languages		用作大专院校教科书 Those used as text books for universities and colleges		科普著作 Popular science books	
	万字 Ten thousand Chinese characters	种 Title	万字 Ten thousand Chinese characters	种 Title	万字 Ten thousand Chinese characters	种 Title	万字 Ten thousand Chinese characters	种 Title
1985	4323		288		293		601	
1986	4529		413		410		474	
1987	5625	195	717	21	945	33	587	37
1988	8191	455	667	38	854	36	818	35
1989	7798	297	356	18	432	22	984	37
1990	11477	345	285	20	769	27	931	47
1991	9221	319	625	19	900	23	1105	41
1992	8316	245	463	18	383	11	357	12
1993	9792	292	1294	38	125	6	405	16
1994	13978	334	1398	29	248	9	1005	42
1995	11922	337	741	23	241	8	518	25
1996	11044	297	1430	36	109	5	481	24
1997	9541	296	621	19	179	5	990	36
1998	12712	347	804	25	539	14	861	36
1999	14474	371	1866	32	337	12	1114	55
2000	17327	429	1304	42	172	10	2979	103
2001	14650	348	648	31	418	17	2628	97
2002	15319	534	1289	37	1046	20	1102	83
2003	13467	401	1143	31	1303	21	1321	55
2004	15486	330	854	31	607	12	1622	68
2005	12228	330	884	35	414	15	800	60
2006	12178	323	758	24	508	13	1339	40
2007	10723	273	988	30	445	9	926	43
2008	12848	330	866	45	243	5	1001	48
2009	12887	329	1032	50	874	55	1343	48
2010	14248	288	810	35	155	3	419	20
2011	14862	358	931	56	293	5	614	31
2012	15749	356	747	65	62	6	1107	22
2013	16383	327	1434	73	379	5	510	35
2014	14060	386	1238	71	485	9	720	39
2015	16009	426	1905	79	375	12	834	54
2016	15685	439	1460	81	164	9	2338	78
2017	13700	369	1566	77	591	13	1187	45
2018	15748	445	1307	94	406	12	2353	58
2019	19022	427	1203	74	87	4	593	36
2020	16915	447	1418	68	591	18	1045	75

6-15 科研机构科技著作（2020 年）

S&T Works Published by CAS Research Institutions: 2020

地区及学科 Region and field	科技专著 S&T works		译成外文 Those translated into foreign languages		用作大专院校教科书 Those used as text books for universities and colleges		科普著作 Popular science books	
	万字 Ten thousand Chinese characters	种 Title	万字 Ten thousand Chinese characters	种 Title	万字 Ten thousand Chinese characters	种 Title	万字 Ten thousand Chinese characters	种 Title
总计 Total	**16915**	**447**	**1418**	**68**	**591**	**18**	**1045**	**75**
一、按地区、分院分 By region and branch								
北京市、天津市、山西省 Beijing，Tianjin and Shanxi Province	9065	220	626	24	336	7	401	40
沈阳分院 Shenyang Branch	947	27	124	4				
长春分院 Changchun Branch	999	30	46	3	60	1	2	3
上海分院 Shanghai Branch	553	53	111	27	115	3	82	6
南京分院 Nanjing Branch	797	17	70	1			213	13
合肥地区 Hefei Area								
武汉分院 Wuhan Branch	261	7	42	1			10	1
广州分院 Guangzhou Branch	896	27	77	3	75	1	149	5
成都分院 Chengdu Branch	312	9					67	2
昆明分院 Kunming Branch	1511	18	45	1			74	3
西安分院 Xi’an Branch	54	2						
兰州分院 Lanzhou Branch	1432	33	271	3	5	6	47	2
新疆分院 Xinjiang Branch	88	4	6	1				
二、按学科分 By field								
数学、物理 Mathematics & physics	1556	42	344	8	288	12	98	8
化学与化工 Chemistry & chemical engineering	1378	66	110	23	17	1		
地学 Earth sciences	3956	115	207	13			454	30
生物学 Biological sciences	5608	83	261	5	52	1	242	23
技术科学 Technological sciences	3307	97	474	18	234	4	173	7
其他 Others	1110	44	22	1			78	7

6-16 学校及公共支撑机构科技活动课题综合情况（2020 年）

Statistics of S&T Projects in Universities and CAS Supporting Institutions: 2020

单位 Unit	课题数合计 Total projects	当年开题 Number of projects started	课题经费支出（千元） Expenditure by project (thousand yuan)	课题参加人员全时当量（人·年） Full-time equivalent of project participants (person · year)
总计 **Total**	**5840**	**2352**	**2320680**	**9477**
中国科学技术大学 University of Science and Technology of China	3566	1357	1198881	7812
中国科学院大学 University of CAS	1193	536	217035	632
计算机网络信息中心 Computer Network Information Center	474	140	740035	492
文献情报中心 National Science Library	471	259	151235	430
武汉文献情报中心 Wuhan Library	57	27	4163	46
成都文献情报中心 Chengdu Library and Information Center	79	33	9331	65

6-17 国家重点实验室

Basic Statistics of Staff in the

单位：人

国家重点实验室名称 Names of the state key laboratories	固定研究人员 Permanent researchers	
		高级 Senior
总计 Total	**9729**	**7241**
数学、物理 Mathematics & physics	1622	1340
合肥微尺度物质科学国家研究中心（中国科学技术大学） Hefei National Laboratory for Physical Sciences at the Microscale (University of Science and Technology of China)	433	380
北京凝聚态物理国家研究中心（中国科学院物理研究所） Beijing National Laboratory for Condensed Matter Physics (Institute of Physics, CAS)	463	392
波谱与原子分子物理国家重点实验室（中国科学院武汉物理与数学研究所） State Key Laboratory of Magnetic Resonance and Atomic and Molecular Physics and Mathematics (Wuhan Institute of Physics, CAS)	45	44
声场声信息国家重点实验室（中国科学院声学研究所） State Key Laboratory of Acoustics, Speech and Signal Processing (Institute of Acoustics, CAS)	145	92
非线性力学国家重点实验室（中国科学院力学研究所） State Key Laboratory of Nonlinear Mechanics (Institute of Mechanics, CAS)	70	50
科学与工程计算国家重点实验室（中国科学院数学与系统科学研究院） State Key Laboratory of Scientific and Engineering Computing (Academy of Mathematics and System Science, CAS)	46	39
半导体超晶格国家重点实验室（中国科学院半导体研究所） State Key Laboratory of Superlattices and Microstructures (Institute of Semiconductors, CAS)	55	53
强场激光物理国家重点实验室（中国科学院上海光学精密机械研究所） State Key Laboratory of High Field Laser Physics (Shanghai Institute of Optics and Fine Mechanics, CAS)	84	62
核探测与核电子学国家重点实验室（中国科学院高能物理研究所、中国科学技术大学） State Key Laboratory of Particle Detection and Electronics (Institute of High Energy Physics, CAS and University of Science and Technology of China)	172	151
高温气体动力学国家重点实验室（中国科学院力学研究所） State Key Laboratory of High Temperature Gas Dynamics (Institute of Mechanics, CAS)	109	77

人员情况（2020 年）

State Key Laboratories: 2020

（person）

流动人员 Guest researchers	人才培养 Talent training		
	博士后 Postdoctors	博士 Candidates for doctor's degree	硕士 Candidates for master's degree
5100	**2339**	**13488**	**10336**
865	593	3017	2316
282	193	1589	1337
211	211	672	344
81	62	101	39
50	4	103	91
24	24	52	76
20	15	83	53
48	30	95	75
47	9	66	42
48	36	213	193
54	9	43	66

国家重点实验室名称 Names of the state key laboratories	固定研究人员 Permanent researchers	高级 Senior
化学 Chemistry	1370	1081
北京分子科学国家研究中心（北京大学、中国科学院化学研究所） Beijing National Laboratory for Molecular Sciences (Peking University and Institute of Chemistry, CAS)	340	302
催化基础国家重点实验室（中国科学院大连化学物理研究所） State Key Laboratory of Catalysis (Dalian Institute of Chemical Physics, CAS)	121	97
分子反应动力学国家重点实验室（中国科学院大连化学物理研究所） State Key Laboratory of Molecular Reaction Dynamics (Dalian Institute of Chemical Physics, CAS)	70	59
生命有机化学国家重点实验室（中国科学院上海有机化学研究所） State Key Laboratory of Bioorganic Chemistry & Natural Product Chemistry (Shanghai Institute of Organic Chemistry, CAS)	49	29
结构化学国家重点实验室（中国科学院福建物质结构研究所） State Key Laboratory of Structural Chemistry (Fujian Institute of Research on the Structure of Matter, CAS)	52	52
羰基合成与选择氧化国家重点实验室（中国科学院兰州化学物理研究所） State Key Laboratory of Oxo Synthesis and Selective Oxidation (Lanzhou Institute of Chemical Physics, CAS)	113	76
煤转化国家重点实验室（中国科学院山西煤炭化学研究所） State Key Laboratory of Coal Conversion (Shanxi Institute of Coal Chemistry, CAS)	81	79
高分子物理与化学国家重点实验室（中国科学院长春应用化学研究所） State Key Laboratory of Polymer Physics and Chemistry (Changchun Institute of Applied Chemistry, CAS)	174	102
金属有机化学国家重点实验室（中国科学院上海有机化学研究所） State Key Laboratory of Organometallic Chemistry (Shanghai Institute of Organic Chemistry, CAS)	75	54
电分析化学国家重点实验室（中国科学院长春应用化学研究所） State Key Laboratory of Electroanalytical Chemistry (Changchun Institute of Applied Chemistry, CAS)	132	80
稀土资源利用国家重点实验室（中国科学院长春应用化学研究所） State Key Laboratory of Rare Earth Resource Utilization (Changchun Institute of Applied Chemistry, CAS)	59	52
多相复杂系统国家重点实验室（中国科学院过程工程研究所） State Key Laboratory of Multiphase Complex Systems (Institute of Process Engineering, CAS)	104	99

续表 6-17

流动人员 Guest researchers	人才培养 Talent training		
	博士后 Postdoctors	博士 Candidates for doctor's degree	硕士 Candidates for master's degree
848	329	1958	1321
75	75	756	344
112	77	144	67
103	36	62	37
26	13	94	97
144	57	85	93
55	1	68	44
123	10	160	122
50	6	161	129
33	25	74	95
34	2	137	107
61	14	100	99
32	13	117	87

国家重点实验室名称 Names of the state key laboratories	固定研究人员 Permanent researchers	
		高级 Senior
地球科学 Geoscience	2156	1634
大气科学和地球流体力学数值模拟国家重点实验室（中国科学院大气物理研究所） State Key Laboratory of Numerical Modeling for Atmospheric Sciences and Geophysical Fluid Dynamics (Institute of Atmospheric Physics, CAS)	88	67
有机地球化学国家重点实验室（中国科学院广州地球化学研究所） State Key Laboratory of Organic Geochemistry (Guangzhou Institute of Geochemistry, CAS)	75	46
资源与环境信息系统国家重点实验室（中国科学院地理科学与资源研究所） State Key Laboratory of Resources and Environmental Information System (Institute of Geographic Sciences and Natural Resources Research, CAS)	122	94
冻土工程国家重点实验室（中国科学院西北生态环境资源研究院） State Key Laboratory of Frozen Soil Engineering (Northwest Inst. of Eco-Environment and Resources, CAS)	75	42
黄土与第四纪地质国家重点实验室（中国科学院地球环境研究所） State Key Laboratory of Loess and Quaternary Geology (Institute of Earth Environment, CAS)	64	50
大气边界层物理和大气化学国家重点实验室（中国科学院大气物理研究所） State Key Laboratory of Atmospheric Boundary Layer Physics and Atmospheric Chemistry (Institute of Atmospheric Physics, CAS)	78	65
环境模拟与污染控制国家重点实验室（清华大学、中国科学院生态环境研究中心、北京大学等） State Key Laboratory of Environmental Aquatic Chemistry (Tsinghua University, Research Center for Eco-Environmental Sciences, CAS, and Peking University)	40	24
环境地球化学国家重点实验室（中国科学院地球化学研究所） State Key Laboratory of Environmental Geochemistry (Institute of Geochemistry, CAS)	80	66
黄土高原土壤侵蚀与旱地农业国家重点实验室（中国科学院水利部水土保持研究所） State Key Laboratory of Soil Erosion and Dryland Farming on Loess Plateau (Institute of Soil and Water Conservation, CAS & MWR)	102	90
现代古生物学和地层学国家重点实验室（中国科学院南京地质古生物研究所） State Key Laboratory of Palaeobiology and Stratigraphy (Nanjing Institute of Geology and Palaeontology, CAS)	100	78
遥感科学国家重点实验室（中国科学院遥感与数字地球研究所、北京师范大学） State Key Laboratory of Remote Sensing Science (Institute of Remote Sensing and Digital Earth, CAS and Beijing Normal University)	104	70
土壤与农业可持续发展国家重点实验室（中国科学院南京土壤研究所） State Key Laboratory of Soil and Sustainable Agriculture (Institute of Soil Science, CAS)	108	86
岩石圈演化国家重点实验室（中国科学院地质与地球物理研究所） State Key Laboratory of Lithospheric Evolution (Institute of Geology and Geophysics, CAS)	59	58

续表 6-17

流动人员 Guest researchers	人才培养 Talent training		
	博士后 Postdoctors	博士 Candidates for doctor's degree	硕士 Candidates for master's degree
1402	499	2497	2119
17	15	60	53
46	33	163	100
143	36	134	68
62	13	67	30
104	7	74	62
23	19	48	33
19	11	61	32
45	19	82	72
19		325	545
152	17	50	90
55	2	75	66
20	17	148	124
67	63	109	47

国家重点实验室名称 Names of the state key laboratories	固定研究人员 Permanent researchers	
		高级 Senior
环境化学与生态毒理学国家重点实验室（中国科学院生态环境研究中心） State Key Laboratory of Environmental Chemistry and Ecotoxicology (Research Center for Eco-Environmental Sciences, CAS)	104	70
空间天气学国家重点实验室（中国科学院国家空间科学中心） State Key Laboratory of Space Weather (National Space Science Center, CAS)	92	69
矿床地球化学国家重点实验室（中国科学院地球化学研究所） State Key Laboratory of Ore Deposit Geochemistry (Institute of Geochemistry, CAS)	85	79
湖泊与环境国家重点实验室（中国科学院南京地理与湖泊研究所） State Key Laboratory of Lake Science and Environments (Nanjing Institute of Geography and Limnology, CAS)	75	74
冰冻圈科学国家重点实验室（中国科学院西北生态环境资源研究院） State Key Laboratory of Cryospheric Sciences (Northwest Inst. of Eco-Environment and Resources, CAS)	105	48
城市与区域生态国家重点实验室（中国科学院生态环境研究中心） State Key Laboratory of Urban and Regional Ecology (Research Center for Eco-Environmental Sciences, CAS)	115	72
植被与环境变化国家重点实验室（中国科学院植物研究所） State Key Laboratory of Vegetation and Environmental Change (Institute of Botany, CAS)	110	70
同位素地球化学国家重点实验室（中国科学院广州地球化学研究所） State Key Laboratory of Isotope Geochemistry (Guangzhou Institute of Geochemistry, CAS)	79	58
大地测量与地球动力学国家重点实验室（中国科学院精密测量科学与技术创新研究院） State Key Laboratory of Geodesy and Earths' Dynamics (Innovation Academy for Precision Measurement Science and Technology, CAS)	98	77
荒漠与绿洲生态国家重点实验室（中国科学院新疆生态与地理研究所） State Key Laboratory of Desert and Oasis Ecology (Xinjiang Institute of Ecology and Geography, CAS)	122	107
热带海洋环境国家重点实验室（中国科学院南海海洋研究所） State Key Laboratory of Tropical Oceanography (South China Sea Institute of Oceanology, CAS)	76	74
生物、医学 Biology & Medicine	2137	1239
农业虫害鼠害综合治理研究国家重点实验室（中国科学院动物研究所） State Key Laboratory of Integrated Management of Pest Insects and Rodents (Institute of Zoology, CAS)	76	48

续表 6-17

流动人员 Guest researchers	人才培养 Talent training		
	博士后 Postdoctors	博士 Candidates for doctor's degree	硕士 Candidates for master's degree
169	67	167	105
13	5	45	31
69	27	70	54
17	6	94	56
53	1	69	39
		159	103
103	50	121	87
28	28	89	73
58	18	72	48
55	37	135	139
65	8	80	62
1069	660	2770	1699
61	22	106	60

国家重点实验室名称 Names of the state key laboratories	固定研究人员 Permanent researchers	
		高级 Senior
生物大分子国家重点实验室（中国科学院生物物理研究所） State Key Laboratory of Biomacromolecules (Institute of Biophysics, CAS)	157	100
分子生物学国家重点实验室（中国科学院分子细胞科学卓越创新中心） State Key Laboratory of Molecular Biology (Center for Excellence in Molecular Cell Science, CAS)	131	46
植物分子遗传国家重点实验室（中国科学院分子植物科学卓越创新中心） State Key Laboratory of Plant Molecular Genetics (Center for Excellence in Molecular Plant Sciences, CAS)	137	80
淡水生态与生物技术国家重点实验室（中国科学院水生生物研究所） State Key Laboratory of Freshwater Ecology and Biotechnology (Institute of Hydrobiology, CAS)	64	58
膜生物学国家重点实验室（中国科学院动物研究所、清华大学、北京大学） State Key Laboratory of Membrane Biology(Institute of Zoology, CAS, Tsinghua University and Peking University)	17	14
干细胞与生殖生物学国家重点实验室（中国科学院动物研究所） State Key Laboratory of Stem Cell and Reproductive Biology (Institute of Zoology, CAS)	65	31
微生物资源前期开发国家重点实验室（中国科学院微生物研究所） State Key Laboratory of Microbial Resources (Institute of Microbiology, CAS)	83	57
新药研究国家重点实验室（中国科学院上海药物研究所） State Key Laboratory of Drug Research (Shanghai Institute of Materia Media, CAS)	145	132
植物细胞与染色体工程国家重点实验室（中国科学院遗传与发育生物研究所） State Key Laboratory of Plant Cell and Chromosome Engineering (Institute of Genetics and Developmental Biology, CAS)	74	51
生化工程国家重点实验室（中国科学院过程工程研究所） State Key Laboratory of Biochemical Engineering (Institute of Process Engineering, CAS)	72	70
植物化学与西部植物资源持续利用国家重点实验室（中国科学院昆明植物研究所） State Key Laboratory of Phytochemistry and Plant Resources in West China (Kunming Institute of Botany, CAS)	99	69
植物基因组学国家重点实验室（中国科学院遗传与发育生物学研究所、微生物研究所） State Key Laboratory of Plant Genomics (Institute of Genetics and Developmental Biology and Institute of Microbiology, CAS)	156	77
系统与进化植物学国家重点实验室（中国科学院植物研究所） State Key Laboratory of Systematic and Evolutionary Botany (Institute of Botany, CAS)	92	59
脑与认知科学国家重点实验室（中国科学院生物物理研究所） State Key Laboratory of Brain and Cognitive Science (Institute of Biophysics, CAS)	79	48

续表 6-17

流动人员 Guest researchers	人才培养 Talent training		
	博士后 Postdoctors	博士 Candidates for doctor’s degree	硕士 Candidates for master’s degree
55	45	176	115
34	34	167	50
80	55	175	85
10	2	177	116
16	6	62	44
47	47	156	121
52	17	91	65
92	62	144	174
44	44	145	35
66	30	63	80
49	13	108	149
164	78	219	84
21	21	100	96
27	17	84	84

国家重点实验室名称 Names of the state key laboratories	固定研究人员 Permanent researchers	高级 Senior
病毒学国家重点实验室（武汉大学、中国科学院武汉病毒研究所） State Key Laboratory of Virology (Wuhan University and Wuhan Institute of Virology, CAS)	19	18
神经科学国家重点实验室（中国科学院脑科学与智能技术卓越创新中心） State Key Laboratory of Neuroscience (Center for Excellence in Brain Science and Intelligence Technology,CAS)	197	52
遗传资源与进化国家重点实验室（中国科学院昆明动物研究所） State Key Laboratory of Genetic Resources and Evolution (Kunming Institute of Zoology, CAS)	137	57
细胞生物学国家重点实验室（中国科学院分子细胞科学卓越创新中心） State Key Laboratory of Cell Biology (Center for Excellence in Molecular Cell Science, CAS)	128	72
分子发育生物学国家重点实验室（中国科学院遗传与发育生物学研究所） State Key Laboratory of Molecular Developmental Biology (Institute of Genetics and Developmental Biology, CAS)	95	39
真菌学国家重点实验室（中国科学院微生物研究所） State Key Laboratory of Mycology (Institute of Microbiology, CAS)	114	61
技术科学 Technological sciences	2444	1947
沈阳材料科学国家研究中心（中国科学院金属研究所） Shenyang National Laboratory for Materials Science (Institute of Metals Research, CAS)	312	244
红外物理国家重点实验室（中国科学院上海技术物理研究所） State Key Laboratory of Infrared Physics (Shanghai Institute of Technical Physics, CAS)	60	56
传感技术联合国家重点实验室（中国科学院上海微系统与信息技术研究所、电子学研究所等） State Key Laboratory of Transducer Technology (Shanghai Institute of Microsystem and Information Technology and Institute of Electronics, CAS)	165	117
应用光学国家重点实验室（中国科学院长春光学精密机械与物理研究所） State Key Laboratory of Applied Optics (Changchun Institute of Optics，Fine Mechanics and Physics, CAS)	125	82
模式识别国家重点实验室（中国科学院自动化研究所） State Key Laboratory of Pattern Recognition (Institute of Automation, CAS)	139	99
信息安全国家重点实验室（中国科学院信息工程研究所） State Key Laboratory of Information Security (Institute of Information Engineering, CAS)	125	62
集成光电子学国家重点实验室（清华大学、吉林大学、中国科学院半导体研究所） State Key Laboratory of Integrated Photoelectronics (Tsinghua University, Jilin University and Institute of Semiconductors, CAS)	34	34

续表 6-17

流动人员 Guest researchers	人才培养 Talent training		
	博士后 Postdoctors	博士 Candidates for doctor's degree	硕士 Candidates for master's degree
10	9	86	74
66	54	166	28
29	9	108	99
42	32	187	46
39	35	186	45
65	28	64	49
916	258	3246	2881
67	61	420	307
143	22	63	87
4	3	154	118
36		111	109
65	30	231	281
65	2	279	216
17	5	116	83

国家重点实验室名称 Names of the state key laboratories	固定研究人员 Permanent researchers	高级 Senior
瞬态光学与光子技术国家重点实验室（中国科学院西安光学精密机械研究所） State Key Laboratory of Transient Optics and Technology (Xi'an Institute of Optics and Precision Mechanics, CAS)	100	91
微细加工光学技术国家重点实验室（中国科学院光电技术研究所） State Key Laboratory of Optical Technologies on Microfabrication (Institute of Optics and Electronics, CAS)	323	320
信息功能材料国家重点实验室（中国科学院上海微系统与信息技术研究所） State Key Laboratory of Functional Materials for Informatics (Shanghai Institute of Microsystem and Information Technology, CAS)	111	95
火灾科学国家重点实验室（中国科学技术大学） State Key Laboratory of Fire Science (University of Science and Technology of China)	72	62
固体润滑国家重点实验室（中国科学院兰州化学物理研究所） State Key Laboratory of Solid Lubrication (Lanzhou Institute of Chemical Physics, CAS)	219	121
高性能陶瓷和超微结构国家重点实验室（中国科学院上海硅酸盐研究所） State Key Laboratory of High Performance Ceramics and Superfine Microstructure (Shanghai Institute of Ceramics, CAS)	103	92
计算机科学国家重点实验室（中国科学院软件研究所） State Key Laboratory of Computer Science (Institute of Software, CAS)	100	89
机器人学国家重点实验室（中国科学院沈阳自动化研究所） State Key Laboratory of Robotics (Shenyang Institute of Automation, CAS)	77	72
岩土力学与工程国家重点实验室（中国科学院武汉岩土力学研究所） State Key Laboratory of Geomechanics and Geotechnical Engineering (Institute of Rock and Soil Mechanics, CAS)	93	91
复杂系统管理与控制国家重点实验室（中国科学院自动化研究所） State Key Laboratory of Management and Control for Complex Systems (Institute of Automation, CAS)	93	79
计算机体系结构国家重点实验室（中国科学院计算技术研究所） State Key Laboratory of Computer Architecture (Institute of Computing Technology, CAS)	94	76
发光学及应用国家重点实验室（中国科学院长春光学精密机械与物理研究所） State Key Laboratory of Luminescence and Applications (Changchun Institute of Optics, Fine Mechanics and Physics, CAS)	99	65

续表 6-17

流动人员 Guest researchers	人才培养 Talent training		
	博士后 Postdoctors	博士 Candidates for doctor's degree	硕士 Candidates for master's degree
73	5	144	112
17		205	218
34	23	153	154
61	30	238	232
105		84	77
30	30	108	180
26	15	210	176
7		155	105
118	24	197	111
34	8	142	76
8		173	201
6		63	38

6-18 国家重点实验室

Basic Statistics of Research Projects Conducted by

单位：个

学科 Field	合计 Total	国家科技重大专项 National Science and Technology Major Project	国家重点研发计划 National Key R&D Program of China
总计 Total	**15142**	**127**	**1720**
数学、物理 Mathematics & physics	2230	6	275
化学 Chemistry	2100	2	198
地球科学 Geoscience	3501	33	378
生物、医学 Biology & Medicine	3267	69	420
技术科学 Technological sciences	4044	17	449

6-19 国家重点实验室科研

Statistics of Research Project Funds

单位：万元

学科 Field	合计 Total	国家科技重大专项 National Science and Technology Major Project	国家重点研发计划 National Key R&D Program of China
总计 Total	**865413**	**16517**	**155403**
数学、物理 Mathematics & physics	148259	587	28325
化学 Chemistry	92992	304	12549

课题情况（2020 年）

the State Key Laboratories: 2020

（unit）

国家基金重大项目 NSFC Major Program	国家基金重点项目 NSFC Key Program	国家基金创新研究群体 NSFC Innovation Research Group	国家杰出青年基金 National Outstanding Youth Fund	部委课题 Projects at the Ministerial Level	其他 Others
134	**465**	**58**	**151**	**814**	**11673**
26	88	9	49	48	1729
31	75	6	23	127	1638
34	99	8	33	154	2762
24	110	25	25	213	2381
19	93	10	21	272	3163

课题经费投入情况（2020 年）

for the State Key Laboratories: 2020

（ten thousand yuan）

国家基金重大项目 NSFC Major Program	国家基金重点项目 NSFC Key Program	国家基金创新研究群体 NSFC Innovation Research Group	国家杰出青年基金 National Outstanding Youth Fund	部委课题 Projects at the Ministerial Level	其他 Others
11539	**19516**	**6675**	**15912**	**46754**	**593097**
2260	3575	1608	5888	3271	102746
2265	2804	1171	2838	3001	68061

学科 Field	合计 Total	国家科技重大专项 National Science and Technology Major Project	国家重点研发计划 National Key R&D Program of China
地球科学 Geoscience	169932	5796	30968
生物、医学 Biology & Medicine	164816	3311	41158
技术科学 Technological sciences	289414	6520	42403

6-20 国家重点实验室

Statistics of Research Results from

学科 Field	获奖研究成果 Award-winning S&T Research results（项）(item)				
	国家级奖 National awards			院、 Academy and	
	特等 Special class	一等 1st class	二等 2nd class	特等 Special class	一等 1st class
总计 **Total**					**43**
数学、物理 Mathematics & physics					5
化学 Chemistry					4
地球科学 Geoscience					11
生物、医学 Biology & Medicine					2
技术科学 Technological sciences					21

续表 6-19

国家基金重大项目 NSFC Major Program	国家基金重点项目 NSFC Key Program	国家基金创新研究群体 NSFC Innovation Research Group	国家杰出青年基金 National Outstanding Youth Fund	部委课题 Projects at the Ministerial Level	其他 Others
3009	3998	1056	2118	2459	120529
1883	4745	2041	2920	6920	101839
2123	4394	800	2149	31104	199922

科技成果情况（2020 年）
the State Key Laboratories: 2020

部委奖 ministerial awards	论文（篇）Thesis (No. of articles)	专著（种）Monographs (title)		授权专利 Patents granted（发明）(Invention)（项）(item)
二等奖 2nd class		中文 Chinese language	外文 Foreign language	
24	**19959**	**143**	**47**	**3116**
3	3237	11	1	465
1	3408	18	20	703
3	5788	67	10	228
6	2800	20	3	362
11	4726	27	13	1358

6-21 工程中心总体情况

General Statistics of Engineering Research Centers

项目 Items	2015 年	2016 年	2017 年	2018 年	2019 年	2020 年
一、经济情况 Economic status						
收入总额（万元） Total income (ten thousand yuan)	784331	946807	1364044	1639096	1773413	2088246
技术性收入（万元） Technology income (ten thousand yuan)	163343	182267	370403	375350	410869	595718
生产性收入（万元） Production income (ten thousand yuan)	278517	744801	968411	1233893	1315052	1456290
其他（万元） Others (ten thousand yuan)	13269	19657	11267	29853	36824	17398
利税总额（万元） Total profit and tax (ten thousand yuan)	73609	121417	113716	147645	156187	208741
资产总额（万元） Total assets (ten thousand yuan)	1327226	2099469	2786160	3392908	4452696	5169942
固定资产（万元） Fixed assets (ten thousand yuan)	341175	402310	620483	707737	637615	958304
二、基本建设 Capital construction						
计划总投资（万元） Total investment (ten thousand yuan)	136856	116388	173116	156986	114174	136591
已完成总投资（万元） Completed invested (ten thousand yuan)	123898	97985	123657	106663	114964	94429
国家拨款（万元） State allocation (ten thousand yuan)	60801	14516	54882	28259	46095	27354
贷款（万元） Loan (ten thousand yuan)	3510		750	1000	3000	
自筹（万元） Self-raised fund (ten thousand yuan)	38727	77662	49008	34338	45113	73740

续表 6-21

项目 Items	2015 年	2016 年	2017 年	2018 年	2019 年	2020 年
其他（万元） Others (ten thousand yuan)	15602	151	6501	43066	8382	8444
已完成的基建规模 Completed capital construction		11800				
投资（万元） Investment (ten thousand yuan)	24506	38190	38054	33491	20682	31511
面积（平方米） Floor space (square meter)	51550	93195	93374	76508	53640	69817
三、科技成果 S&T research results						
获奖总数（项） Total awards (item)	81	100	101	136	124	139
国家级奖 National awards	11	6	20	12	9	6
省部级奖 Provincial & ministry awards	35	37	46	54	49	64
其他 Others	51	73	36	70	66	76
专利申请量（件） Patents applied (item)	1775	2019	2105	2171	3395	2971
专利授权（件） Patents granted (item)	817	1182	1349	1219	1658	1977
四、技术转移 Technology transfer						
技术服务、咨询（项） Technical service and consultation (item)	1715	3052	4030	4564	3720	9199
技术培训（人次） Technical training (person • time)	12703	22717	26403	23406	30301	36721
受让企业新增产值（万元） Enterprise's newly increased value of output (ten thousand yuan)	4912074	2970129	7199625	8466633	17049010	9476645

6-22 工程中心各类
Statistics of Various Kinds of Staff

工程中心名称 Names of engineering research center	合计 Total	专业技术人员 Professional technical staff	高级 Senior	中级 Middle level
总计 Total	**14492**	**9140**	**3429**	**3056**
工程塑料国家工程研究中心 National Engineering Center for Engineering Plastics	358	312	104	194
基础软件国家工程研究中心 National Engineering Research Center of Fundamental Software	331	284	19	40
信息安全共性技术国家工程研究中心 National Engineering Research Center for Information Security	179	122	23	56
光电子器件国家工程研究中心 National Engineering Research Center for Optoelectronic Devices	361	295	124	171
高性能均质合金国家工程研究中心 National Engineering Center for High Performance Homogenized Alloys	467	348	250	98
机器人技术国家工程研究中心 National Engineering Research Center for Robot	632	583	278	302
高档数控国家工程研究中心 National Engineering Center for Hi-End Computer Numerical Control	318	222	115	107
膜技术国家工程研究中心 Dalian Membrane Center of Engineering R&D	242	108	54	57
精细石油化工中间体国家工程研究中心 National Engineering for Fine Petrochemical Intermediates	291	200	110	94
手性药物国家工程研究中心 National Engineering Research Center for Chiral Drugs	215	97	48	49
燃料电池及氢源技术国家工程研究中心 National Engineering Research Center of Fuel Cells and Hydrogen Technology	198	80	24	41
国家生化工程技术研究中心 National Engineering Research Center for Biotechnology	63	41	31	10
国家遥感应用工程技术研究中心 National Engineering Research Center for Geoinformatics	158	113	70	43
国家并行计算机工程技术研究中心 National Research Center of Parallel Computer Engineering & Technology	277	241	35	62
国家高性能计算机工程技术研究中心 National Engineering Research Center for High Performance Computer	3332	2039	43	160
国家专用集成电路设计工程技术研究中心 National Engineering Research Center for ASIC Design	137	128	29	70
中国岩土工程研究中心 Chinese Research Center of Geotechnical Engineering	37	27	12	13

人员情况（2020 年）

at Engineering Research Centers: 2020

学位 Degrees		学历 Education experience			按工作性质分 By working sectors					
博士 Ph.D	硕士 MS	研究生 Post graduate	大学 Graduate	其他 Others	管理人员 Adminis-trative staff	研究开发人员 R&D Staff	质量监督人员 Quality supervision staff	市场营销人员 Market staff	生产人员 Produc-tion staff	其他 Others
3050	**3563**	**6485**	**5747**	**2260**	**1188**	**9245**	**331**	**1074**	**2072**	**582**
118	57	175	173	10	35	204	12	15	82	10
23	89	111	178	42	41	241	34	15		
5	12	17	160	2	22	122	8	17	10	
133	59	192	104	65	16	273	9	16	42	5
270	111	354	89	24	5	348	18	12	51	33
156	243	399	184	49	40	519	10	15	32	16
10	92	80	189	49	27	246	8	8	29	
33	37	70	79	93	35	107	6	17	77	
98	108	197	55	39	21	211	11	18	30	
31	25	56	66	93	6	125	28	3	42	11
4	50	54	87	57	57	80	10	7	44	
36	11	47	16		3	38	2	1	17	2
90	24	113	38	7	14	143	1			
6	130	136	139	2	36	237	4			
43	823	866	2169	297	262	2026	13	649	382	
31	75	107	26	4	10	118	5	1	3	
4	20	20	14	3	3	27	2	3	2	

工程中心名称 Names of engineering research center	合计 Total	专业技术人员 Professional technical staff		
			高级 Senior	中级 Middle level
国家淡水渔业工程技术研究中心 National Engineering Research Center for Freshwater Fisheries	74	74	56	16
国家金属腐蚀控制工程技术研究中心 National Engineering Research Center for Corrosion Control	88	58	33	10
国家真空仪器装置工程技术研究中心 National Engineering Research Center of Vacuum Instruments	484	197	66	43
国家催化工程技术研究中心 National Engineering Research Center for Catalysis	397	193	114	59
国家节水灌溉工程技术研究中心 National Engineering Research Center for Water-Saving irrigation	45	43	36	7
国家天然药物工程技术研究中心 National Engineering and Technology Center for Natural Medicines	180	111	51	60
国家光电子晶体材料工程技术研究中心 National Engineering Research Center for Optoelectronic Crystalline Materials	114	110	68	38
国家网络新媒体工程技术研究中心 National Engineering Research Center for Network New Media Technology	85	85	54	29
国家荒漠-绿洲生态建设工程技术研究中心 National Engineering Technology Research Center for Desert-Oasis Ecological Construction	51	49	27	22
国家环境光学监测仪器工程技术研究中心 National Engineering Research Center of Environmental Optic Monitoring Instruments	120	113	70	43
国家光栅制造与应用工程技术研究中心 National Engineering Research Center for Diffraction Gratings Manufacturing and Application	55	39	20	16
国家半导体泵浦激光工程技术研究中心 National Engineering Research Centre for DPSSL	45	25	16	9
国家海洋腐蚀防护工程技术研究中心 National Marine Corrosion and Protection Engineering Research Center	86	41	30	11
甲醇制烯烃国家工程实验室 National Engineering Laboratory for Methanol to Olefins	375	119	83	25
中药标准化技术国家工程实验室 National Engineering Laboratory for TCM Standardization Technology	452	306	91	99
工业酶国家工程实验室 National Engineering Laboratory for Industrial Enzymes	153	131	59	69
煤炭间接液化国家工程实验室 National Engineering Laboratory for Indirect Coal Liquefaction	1062	557	256	265

续表 6-22

学位 Degrees		学历 Education experience			按工作性质分 By working sectors					
博士 Ph.D	硕士 MS	研究生 Post graduate	大学 Graduate	其他 Others	管理人员 Adminis-trative staff	研究开发人员 R&D Staff	质量监督人员 Quality supervision staff	市场营销人员 Market staff	生产人员 Produc-tion staff	其他 Others
62	6	68	6		3	71				
14	16	30	29	29	7	47	5	14	13	2
1	53	54	158	272	31	137	14	47	230	25
108	95	199	107	91	31	231	12	12	92	19
33	4	37	4	4	2	41				2
49	58	107	62	11	15	111			41	13
50	48	98	11	5	4	110				
45	23	67	16	2	9	64	1	7	4	
31	10	41	7	3	2	49				
86	20	106	9	5	3	94	14	3	6	
22	15	36	18	1	3	35	2	2	12	1
13	15	27	3	15	4	27	2	2		10
45	12	57	29		4	59	5			18
106	72	178	82	115	46	187	13	19	96	14
77	85	162	181	109	13	439				
108	41	149	3	1	10	129	2	1	11	
52	218	272	438	352	114	256	11	14	273	394

工程中心名称 Names of engineering research center	合计 Total	专业技术人员 Professional technical staff	高级 Senior	中级 Middle level
湿法冶金清洁生产技术国家工程实验室 National Engineering Laboratory for Cleaner Production Technology of Hydrometallurgy	356	35	86	57
遥感卫星应用国家工程实验室 National Engineering Laboratory for Satellite Remote Sensing Applications	817	298	130	152
信息内容安全技术国家工程实验室 National Engineering Laboratory for Information content security	123	119	38	81
真空技术装备国家工程实验室 National Engineering Laboratory for Vacuum Technological Equipment	200	124	46	37
碳纤维制备技术国家工程实验室 National Engineering Laboratory for Carbon Fiber Preparation	95	66	35	33
土壤养分管理国家工程实验室 National Engineering Laboratory for Soil Nutrients Management	103	57	49	27
大气环境污染监测先进技术与装备国家工程实验室 National Engineering Laboratory for Advanced Technology and Equipment of Atmospheric Pollution Monitoring	558	378	115	160
畜禽养殖污染控制与资源化技术国家工程实验室 National Engineering Laboratory for Pollution Control and Waste Utilization in Livestock and Poultry Production	90	72	59	13
高难度难降解有机废水处理技术国家工程实验室 National Engineering Laboratory for Industrial Wastewater Treatment	48	48	32	16
挥发性有机物污染控制材料与技术国家工程实验室 National Engineering Laboratory for VOCs Pollution Control Material & Technology	50	48	38	10
类脑智能技术及应用国家工程实验室 National Engineering Laboratory for Brain-inspired Intelligence Technology and Application	104	97	86	11
农田土壤污染防控与修复技术国家工程实验室 National Engineering Laboratory of Soil Pollution Control and Remediation Technologies	212	145	112	33
大数据分析系统国家工程实验室 National Engineering Laboratory for Big Data Analysis System	274	162	104	38

续表 6-22

学位 Degrees		学历 Education experience			按工作性质分 By working sectors					
博士 Ph.D	硕士 MS	研究生 Post graduate	大学 Graduate	其他 Others	管理人员 Adminis-trative staff	研究开发人员 R&D Staff	质量监督人员 Quality supervision staff	市场营销人员 Market staff	生产人员 Produc-tion staff	其他 Others
186	93	279	65	12	34	290	1	5	26	
104	239	344	331	142	88	520	13	77	119	
33	83	116	7		3	119	1			
10	34	44	75	81	6	90	8	11	85	
21	32	50	22	23	6	60	8	1	20	
60	26	86	10	7	6	84	2	8	3	
97	115	162	267	129	61	251	23	43	180	
58	8	66	16	8	7	72	5	6		
46	2	48			4	44				
49	1	50			2	48				
94	7	101	3		7	90				7
154	37	191	14	7	13	168	8	5	18	0
145	129	266	8		17	257				

主要统计指标解释

人　　员

1. 从事科技活动人员

指职工总数中的科技管理人员、课题活动人员和科技服务人员。

科技管理人员　指院、所领导及业务、人事管理人员，包括直接从事科技计划管理、课题管理、成果管理、专利管理、科技统计、科技档案管理、科技外事工作、人事管理、教育培训、财务等活动的人员。

课题活动人员　指编制在研究室或课题组的人员。

科技服务人员　指从事图书、情报、测试、试验、咨询、物资器材供应等工作的人员以及实验室、试验工厂（车间）、试验农场的人员。不包括司机、门卫、食堂人员、医务人员、清洁工以及幼儿园、托儿所工作人员等。

2. 科学家和工程师

指具有大学毕业及以上学历的或具有高、中级技术职称（务）的人员。

3. 其他人员

指职工总数中除了从事科技活动和生产、经营活动人员以外的其余人员，包括从事医疗、工程设计、教学培训和生活后勤服务人员等。

4. 从事生产、经营活动人员

指主要从事定型产品的批量生产、单位内部招待所、商店、出版印刷等生产经营和对外服务活动的人员。在机构下属经济实体中的院所编制人员也应包括在内。

经　　费

1. 经费

包括暂收（暂付）款，经费收入中各项皆为毛收入。

2. 科技活动收入

政府资金　指由各级政府部门直接拨款或企事业单位利用政府资金委托本机构从事科学技术活动所获得的收入。

★财政补助收入　指由中央或地方财政通过预算的形式拨给本机构的经费，包括正常经费和专项经费。单位收到由财政部门拨给主管部门和上级单位转拨的科学事业费，以及由财政部门拨给上级主管部门和上级单位以科研课题或项目下达的科学事业费，均属财政预算拨款。

★承担政府科研项目收入　指本机构为了开展科学研究、新产品试制、中间试验、科技成果示范性推广等科技活动，通过签订协议、合同或其他形式申请并获得的政府经费，包括课题专项、设备专项和其他专项。

技术性收入 指本机构从事科学技术活动所获得的非政府资金（毛收入），如企事业单位和社会团体利用自有资金委托本机构开展科学技术活动所提供的资金，由技术开发收入、技术转让收入、技术咨询及服务收入、学术活动和生产科普活动收入几项合计。

★来自企业 指本机构通过接受企业委托、为企业提供技术开发、技术咨询服务等形式从事科学技术活动而从企业获得的收入。

★国外资金 指中国境外的企业、大学、国际组织、民间组织、金融机构及外国政府提供给在中国境内注册的各类单位用于科技活动的经费。不包括外国在中国注册的企业提供的经费。

★科技活动借贷款 指本机构为开展科技活动从各种渠道获得的各种借、贷款。不论偿还形式、期限和数额如何，均按当年获得的借、贷款额填报。不包括基本建设贷款。

3. 科技经费日常性支出

指本单位在报告期内发生的、可在当期直接作为费用计入成本的支出，包括人员劳务费和其他日常性支出。

★人员费用 指以货币或实物形式直接或间接支付给科技活动人员的劳动报酬及各种费用，包括工资、奖金以及所有相关费用和福利。

★其他日常支出 指本单位用于科技活动而购置的原材料、燃料、动力、工器具等低值易耗品，以及各种相关直接或间接的管理和服务等支出。

基 本 建 设

1. 基本建设投资实际完成额

指本机构在报告期内完成的用货币表示的基本建设工作量。

2. 自筹

指在当年基本建设投资实际完成额中自筹投资的部分，自筹部分应包括拨改贷后须由机构自身偿还的贷款。

3. 科研仪器设备

指本机构在基本建设投资的实际完成额中购置的科研仪器设备总值。非科研设备购置不计入此项。

4. 科研土建工程

指本机构在基本建设投资的实际完成额中完成的科研土建工作量（如科研楼、试验用房等）。非科研土建工程（如住房等）不计入此项。

科 技 活 动

1. 课题活动分类

基础研究 指为获得新知识而进行的独创性研究，其目的是揭示观察到的现象和事实的基本原理和规律，而不以任何特定的实际应用为目的。

应用研究　指为获得新的科学技术知识而进行的独创性研究。它主要针对某一特定的实际应用目的。应用研究通常是为了确定基础研究成果或知识的可能的用途，或是为达到某一具体的、预定的实际目的确定新的方法（原理）或途径。

★区分基础研究与应用研究的主要标志　具有特定的实际应用目的。

试验发展　利用从研究或实际经验获得的知识，为生产新的材料、产品和装置，建立新的工艺和系统，以及对已生产或建立的上述各项进行实质性的改进而进行的系统性工作。

★区分科学研究（基础研究和应用研究）与试验发展的主要标志　前者主要是为了增加科学技术知识，后者则是为了开辟新的应用领域（如新材料或新技术）。

★区分科学研究与试验发展及其他有关活动的主要标志　具有创新成分的活动归于前者。

研究与试验发展成果应用　为解决R&D活动阶段产生的新产品、新装置、新工艺、新技术、新方法、新系统和服务等投入生产或实际应用所存在的技术问题而进行的系统性活动。它不具有创新成分，此类活动包括为达到生产目的而进行的定型设计和试制，以及为扩大新产品生产规模和新方法、新技术、新工艺等的应用领域而进行的适应性试验。

★研究与试验发展、研究与试验发展成果应用和工业生产活动三者之间的界限大致划分如下：

（1）新产品的研制

实质性的新产品，即完全新的新产品或对现有产品的性能进行重大改进的设计、制造和试验，是研究与试验发展活动。对引进（或购买）现成的技术成果（如专利、技术诀窍、图纸和样机等）进行复制或直接应用而形成新产品的过程，不是研究与试验发展活动，而是研究与试验发展成果应用活动。

（2）新工艺、新方法的研制

对新工艺、新方法的研制或对现有工艺、生产过程进行实质性的技术改进，是研究与试验发展。采用国内已有的生产工艺或生产过程，而在技术上没有实质性的改进，只是对采用的生产工艺或生产过程做适应性的试验，不属于研究与试验发展，而是研究与试验发展成果应用活动。

（3）中间试验

新产品、新工艺、新生产过程直接用于生产前，往往要进行中间试验，以解决一系列的技术问题，情况比较复杂，对其是否属于研究与试验发展应视具体情况而定。

如果进行中间试验的直接目的是从技术上进一步改进产品、工艺或生产过程或为此目的进行试验以获得经验和收集数据，是研究与试验发展；如果是为了进行产品的定型设计，获取生产所需的技术参数，那么就不是研究与试验发展，而是研究与试验发展成果应用活动。

（4）试生产

试生产是在完成了生产前的各项技术准备后，在正式生产前的“试验性”生产。试生产的直接目的不是对产品或生产过程在技术方面做进一步的改进，而是为了使生产能顺利进行，因而既不属于研究与试验发展，也不属于研究与试验发展成果应用活动。

（5）质量控制与检验测试

生产过程的质量控制及材料、设备、产品的常规检验、测试，不属于研究与试验发展，也不属于研究与试验发展成果应用活动，原型检验测试和非商业性的试验工厂（中试车间）中的检验测试，属于研究与试验发展。

（6）市场研究

既不是研究与试验发展，也不是研究与发展成果应用活动。

科技服务　与科学研究与试验发展有关，并有助于科学技术知识的产生、传播和应用的活动。包括为扩大科技成果的使用范围而进行的示范性推广工作；为用户提供科技情报和文献服务的系统性工作；为用户提供可行性报告、技术方案、建议及进行技术论证等技术咨询工作；自然、生物现象的日常观测、监测，资源的考察和勘探；有关社会、人文、经济现象的通用资料的收集，如统计、市场调查等，以及这些资料的常规分析与整理；为社会和公众提供的测试、标准化、计量、计算、质量控制和专利服务，不包括工商企业为进行正常生产而开展的上述活动。

生产性活动　由于具备特殊的工艺设备条件或掌握某种技术专长或诀窍所进行的小量非常规生产。

2. 课题经费支出

指当年为进行该课题研究而从课题经费中直接支出的全部经费（不包括与外单位合作进行该课题研究而拨给对方使用的经费）。

3. 课题参加人员折合全时工作量

指按工作量计算的当年实际参加课题活动的各类人员总数。统计时首先把课题人员分离为全时人员和非全时人员，然后折算为全时工作量。

全时人员　指在本年度工作中，从事该课题活动的工作量（累计工作时间与本人全年工作总时间之比）在 0.9 以上（含 0.9）的人员数。

非全时人员　指在本年度工作中，从事该课题活动的工作量在 0.1～0.9 的人员数。工作量不到 0.1 不计在内。

全时当量　指全时人员数加所有非全时人员的工作量总和，数值取小数点后一位。

国家重点实验室

1. 固定人员

指由实验室主任聘任并有一定任期的相对稳定的研究人员、技术人员和管理人员。国家重点实验室的固定人员可以由室主任连聘连任。

2. 客座人员

指通过课题申请并获准来开放实验室从事研究工作的所内外工作人员。开放实验室的客座人员没有固定任期，在课题获准进行期内属于开放实验室的人员，享受固定人员同等待遇，课题结束之后，必须离室，因此客座人员是流动的。

3. 学委会审批课题

经学术委员会审议批准，用开放经费支持的课题。固定客座合作课题指由开放实验室固定、客座人员合作共同承担的学委会审批课题。

Explanatory Notes on Key Indicators

Personnel

1. S&T activity personnel

S&T activity personnel comprise S&T management personnel, project activity personnel and S&T

service personnel.

S&T management personnel refers to leaders at various levels in the academy and institutes and those who are engaged in S&T and personnel management, including those who participate directly in such activities as S&T planning, project management, research achievement management, patent management, S&T statistics, management of S&T archives, S&T international cooperation, personnel management, education and training, and finance.

Project activity personnel refers to staff whose payroll is in the laboratory or project research group.

S&T service personnel refers to those engaged in library, information, measurement, testing, consultation, material and equipment supply as well as those working in laboratories, pilot factories (workshops) and experimental farms. They should not include drivers, janitors, and persons working in mess halls, medical houses, kindergartens and nurseries.

2. Scientists and engineers

This heading can be defined as persons who are of higher educational level or have senior or middle level academic titles.

3. Other personnel

This mainly refers to staffs in addition to personnel engaged in scientific and technological activities and production and business activities, including medical, engineering design, teaching and training and life logistics service personnel.

4. Production and business activity personnel

This mainly refers to staffs who are engaged in the production, business activity and services such as batch process of finalized products, management and services in the guesthouses and shops, and publication and printing. Staff on the CAS and institute payroll who work in the economic entities attached to the institution shall also be included.

Funds

1. Funds

Funds include temporary collection and temporary payment. Items included in the current intramural income are all gross income.

2. Income of S&T activities

Income from government funds This heading refers to funds directly allocated by government departments at all levels or income obtained by a particular institution through conducting S&T activities entrusted by enterprises and institutions using government funds.

★*Income from government subsidy* This refers to budgetary funds allocated by the central or local financial departments, including normal funds and special funds. The operation funds for scientific research obtained from the financial departments via higher authorities and the operating funds for scientific research obtained from the financial departments via higher authorities designated for research projects are all in the category of financial budgetary allocation.

★*Income from undertaking government research projects* This refers to funds received by a particular institution from the government for the purpose of carrying out S&T activities through signing agreements, contracts or other forms of application, such as scientific research, new product development and experiment, pilot experiment, and demonstration and commercialization of S&T results. This includes special funds for research projects, equipment and other items.

Technical income This refers to the gross income obtained by a particular institution from non-governmental departments for undertaking S&T activities, such as self-raised funds from institutions, enterprises and social organizations for entrusting the particular institution to carry out S&T activities. It also includes income from technology development, technology transfer, technology consultation and service, academic activities and production, and science popularization activities.

★*From enterprises* This refers to the income obtained by a particular institution from the enterprises by undertaking entrusted S&T activities for the enterprises in the form of technology development, technology consultation and service.

★*Overseas Funds* This heading refers to the funds provided by overseas enterprises, universities, international organizations, non-government organizations, financial agencies and foreign governments to the institutions and units registered in China for S&T activities. This excludes the funds provided by the foreign enterprises registered in China.

★*Loans for S&T activities* This heading refers to all kinds of loans obtained by a particular institution from various sources for S&T activities. No mater what kind of form, duration and volume of the repayment will be, the total monetary volume of loans obtained in the reference year should be recorded. But, any loans for capital construction is not included.

3. Current Intramural Expenditure

This refers to actual expenditure for S&T activities by a particular institution within the reported period, including all the expenses for S&T activities funded by not only research and development (R&D) channels but also other sources. This also includes the expenditure for the products processing with outside cooperation.

★*Personnel cost* This refers to the expenditure paid by a particular institution to its staff, directly or indirectly, in cash or in kind, including basic salary, subsidiary salary, allowances, price subsidiary, bonus, welfare funds for staff, unemployment insurance, old-aged pension, medical care insurance, insurance against injury at work, people's fellowship, etc., including stipend and fellowship for graduate students. This excludes the remuneration for personal services.

★*Other daily expenditure* This refers to the expenditure spent by a particular institution for S&T activities, which is not included in the above-mentioned items, such as costs of raw materials for the performance of S&T activities, charges for water and electricity, travel, expenses directly associated with processing and experiments, costs of equipment utilization, computer times, printing of materials, etc., and consumptive expenditure for graduate student training is also included.

Capital Construction

1. Actual expenditure in capital investment

This refers to the amount of capital construction work completed by a particular institution in the reference year, which is expressed in monetary terms.

2. Self-raised funds

This refers to funds raised by a particular institution in the actual spending in capital investment. It includes loans, which should be paid back by the institution itself after the reform of the S&T appropriation system.

3. Scientific research instruments and equipment

This refers to the total expenditure on scientific research equipment in the actual capital expenditure. Expenditure on nonresearch equipment is not included in this category.

4. Civil engineering projects for scientific research

This refers to the actual amount of work completed by a particular institution on research facilities (such as research and experiment buildings) in the actual expenditure of capital investment. Construction project not for research purpose (such as living quarters) is not included.

S&T Activities

1. Classification by project activity

Basic research Basic research can be defined as any original research undertaken to acquire new knowledge. Its purpose is to explore the underlying principles and laws of observed phenomena and facts, without any particular practical application in view.

Applied research Applied research is defined as any original research undertaken in order to acquire new scientific and technological knowledge. It is, however, directed primarily towards a specific practical aim or objective. Applied research is usually undertaken to determine the possible application of the results or knowledge from basic research, or to determine new methods or ways of achieving some specific and predetermined practical aim.

★The main criterion for distinguishing basic research from applied research is that the latter has specific practical application in view.

Experimental development Experimental development can be defined as any systematic work, drawing on existing knowledge gained from research and/or practical experience, that is directed to producing new materials, products and devices, to installing new processes and systems, and to improving substantially those already produced or installed.

★The main criterion for distinguishing scientific research (basic or applied) from experimental development is that whereas the former is primarily directed towards the increase of S&T knowledge, the latter is directed towards the introduction of new application (e.g. new materials or technologies).

★The main criterion for distinguishing scientific research from experimental development is that the former involves creative activities.

Application of research and experimental development results Application of research and experimental development results can be defined as any systematic work that is directed to the technical issues in the production and practical use of new products, new devices, new processes, new techniques, new methods, new systems and services which are generated from research and development results. This kind of activity does not involve creation and innovation. It includes finalized design and pilot development for production purposes as well as adaptability testing directed to expanding the production scale of new products and the application of new methods, technologies and processes.

★The main criterion for distinguishing research and experimental development, application of research and experimental development results, and industrial activities is basically the following:

(1) Development of new products

Activities directed towards the development of new products, that is, completely new products, substantial improvement of the design, development and experiment on the properties of existing products, should be defined as research and experimental development, while the process of producing new products through copy or direct use of imported (or purchased) technical results (such as patents, technical know-how, blueprints and prototypes) should not be mentioned as research and experimental development. It falls into the category of application of research and experimental development results.

(2) Development of new processes and methods

The development of new processes or methods and the substantial technical improvement of existing technologies and production processes are research and experimental development. Activities involved in adopting existing domestic production techniques or processes without making substantial improvements (or when only adaptability testing is conducted) cannot be considered as research and experimental development. They are the application of research and experimental development results.

(3) Pilot experiment

Before new products, technologies and production processes can be used in production, pilot experiments are usually carried out in order to solve a series of technical issues. These experiments are complex in nature and whether they are considered as research and experimental development or not can only be judged according to concrete conditions.

If the immediate aim of the pilot experiment is to make further technical improvement of existing technologies and production processes are research acquisition of experience and data for that purpose, the activity should be regarded as research and experimental development. If, on the contrary, the immediate aim is to make finalized design for a product and to obtain technical data needed for the production, the activity should be regarded as research and experimental development. It is a part of the application of research and experimental development results.

(4) Trial production

Trial production can be defined as “experimental” production conducted after various technical preparations are completed but before full scale production is started. Since the immediate aim of trial production is not to make further technical improvement of the product or the production process concerned but to get the production process working smoothly, it is neither research and experimental development, nor application of research and experimental development results.

(5) Quality control, checking and testing

Quality control of production processes and routine checking and testing of materials, devices and products are neither research and experimental development nor application of research and experimental development results. However, the testing of prototypes and testing conducted in a non-commercial pilot plant (workshop) should be regarded as research and experimental development.

(6) Market study

This is neither research and experimental development, nor application of research and experimental development results.

Scientific and technical services Scientific and technical services can be defined as any activities concerned with scientific research and experimental development and contributing to the generation, dissemination and application of scientific and technological knowledge. They include the demonstration and popularization activities to introduce the application of scientific and technological results; systematic work on scientific and technological information and documentation services; technical consultation provided to users such as feasibility studies, technical schemes, proposals and technical investigations; routine observation and monitoring of natural and biological phenomena, surveying and exploration of resources; and the gathering of general information on social, human and economic phenomena (such as statistics and market studies); as well as the routine analysis and compilation of the above mentioned information; testing, standardization, metrology, computation, quality control and patent services (excluding the above mentioned activities carried out by industries for normal production).

Productive activities This heading refers to small-scale non-conventional production undertaken because of possessing special processing equipment and facilities or technical specialties and know-how.

2. Total direct expenditure by project group

This refers to the total funds actually spent directly by the project group for the research of the project. It does not include funds transferred to the cooperators if the project is conducted jointly.

3. Full-time equivalent of project activity personnel

This refers to the total number of various kinds of personnel who actually participate in the project activities in the reference year, calculated according to their work load. In making the statistics, the project activity personnel are first classified as full-time personnel and part-time personnel and their work load are then converted into full-time work load.

Full-time personnel This refers to the number of personnel whose work load for the project activity (the ratio between accumulated working hours spent on the project activity and the total hours worked in the reference year) is 0.9 or above.

Part-time personnel This refers to the number of personnel whose work load for the project activity is from 0.1 to 0.9. Those whose work load for the project activity is less than 0.1 are not included.

Full-time equivalent This refers to the total work load of full-time personnel and part-time personnel.

State Key Laboratories

1. Permanent researchers

This refers to research, technical and managerial personnel who are invited or engaged by the directors of the open laboratories to serve for certain terms.

2. Guest researchers

This refers to scientists both inside and outside the institutes who conduct research activities at the State Key laboratories after their research applications have been approved. Guest researchers do not serve for fixed terms. They are on the staff of the State Key laboratories within the allowed period for pursuing their research subjects and enjoy the same treatment as the permanent staff does, but must leave the laboratories upon completion of their research.

3. Projects approved by the academic committees

This refers to research projects, which are approved by the academic committees and funded by the open laboratory research funds. Jointly conducted projects refer to those research projects which are approved by the academic committees and are jointly conducted by the permanent staff and guest researchers of the State Key Laboratories.

七、人才培养与引进

TALENT TRAINING AND RECRUITMENT

7-1 派往国外留学人员情况

Statistics of Students and Visiting Scholars Sent Abroad

单位：人　　　　（person）

年份 Year	派出总人数 Total number of persons sent abroad	访问学者 Visiting scholars	研究生 Graduate students	返回人数 Number of people returned
1979	588	489	99	408
1980	651	520	131	517
1981	725	566	159	536
1982	520	395	125	186
1983	559	389	170	36
1984	435	325	110	549
1985	779	555	224	302
1986	919	504	415	317
1987	710	420	290	295
1988	591	373	218	214
1989	410	355	55	199
1990	360	325	35	70
1991	326	313	13	113
1992	389	366	23	226
1993	373	346	27	230
1994	409	378	31	347
1995	415	369	46	322
1996	357	308	49	293
1997	361	331	30	308
1998	432	383	49	543
1999	378	340	38	464
2000	528	447	81	492

续表 7-1

年份 Year	派出总人数 Total number of persons sent abroad	访问学者 Visiting scholars	研究生 Graduate students	返回人数 Number of people returned
2001	401	307	94	360
2002	412	315	97	330
2003	427	351	76	329
2004	313	252	61	298
2005	314	275	39	251
2006	276	272	4	227
2007	311	263	48	242
2008	571	518	53	526
2009	564	517	47	190
2010	516	311	205	178
2011	474	227	247	184
2012	338	263	75	202
2013	328	272	56	213
2014	218	200	18	246
2015	346	283	63	180
2016	245	245		234
2017	216	216		202
2018	167	167		173
2019	149	149		146
2020	22	22		62

7-2　派往国外留学人员情况（2020 年）

Statistics of Students and Visiting Scholars Sent Abroad: 2020

单位：人　　　　　　　　　　　　　　　　　　　　　（person）

派往国家和地区 Country and region	当年派出人数 Number of people sent abroad in current year			年龄组 Age group			研究课题性质 Field of study		
	总计 Total	访问学者 Visiting scholars	研究生 Graduate students	30 岁以下 Aged under 30	30～40 岁 Aged 30-40	40 岁以上 Aged over 40	基础 Basic	应用 Applied	其他 Others
合计 Total	**22**	**22**		**1**	**17**	**4**	**18**	**3**	**1**
美国 USA	6	6			5	1	4	1	1
英国 England	4	4			4		3	1	
法国 France	1	1			1		1		
德国 Germany	4	4		1	2	1	3	1	
日本 Japan	1	1			1		1		
澳大利亚 Australia	2	2				2	2		
荷兰 Netherlands	1	1			1		1		
奥地利 Austria	1	1			1		1		
其他 Others	2	2			2		2		

7-3 职工继续教育

Statistics of Staff Continued

单位：人·次

单位 Unit	总计 Total	学术、专题讲座 Academic lectures	管理技能培训 Management capacity training	系列讲坛 Lecture series
合计 Total	**667597**	**116788**	**57145**	**63845**
一、地区培训 By region				
北京地区 Beijing region	269399	42574	23743	28149
沈阳地区 Shenyang region	52269	13484	4496	6653
长春地区 Changchun region	43859	3160	5233	1131
上海地区 Shanghai region	98676	22437	8577	12066
南京地区 Nanjing region	25175	4639	1081	2481
合肥地区 Hefei region	26745	2423	3186	1405
武汉地区 Wuhan region	15563	2249	1459	1960
广州地区 Guangzhou region	37929	8191	2199	2036
成都地区 Chengdu region	16289	1849	1566	1785
昆明地区 Kunming region	14764	4391	1139	1098
西安地区 Xi'an region	27146	6293	1907	1219
兰州地区 Lanzhou region	20879	3274	649	3481
新疆地区 Xinjiang region	8127	1329	1527	129
二、院校培训 By College				
中国科学院大学 University of CAS	3892	495	299	247
中国科学技术大学 University of Science and Technology of China	6885	0	84	5

培训情况（2020年）

Education: 2020

（person • time）

专项技术短期培训班 Technique short term training	学术会议 Academic seminars	上岗培训 Job training	专业技术高级研修班 Professional skills training	其他培训 Other training
127172	**81800**	**17423**	**14493**	**188931**
50491	37368	6040	6727	74307
3480	7394	2860	432	13470
20067	1441	302	750	11775
12026	11780	4639	1465	25686
6624	3258	497	377	6218
8579	4243	614	396	5899
3793	1483	164	771	3684
7629	3965	997	1578	11334
2563	1197	254	469	6606
1990	1820	241	550	3535
2791	1832	267	225	12612
4163	4095	388	383	4446
1833	1492	53	201	1563
1120	428	107	28	1168
23	4	0	141	6628

7-4 特别研究助理（含博士后）情况（2020 年）

Statistics of Special Research Assistant（including Postdoctors): 2020

单位：人 （person）

单位 Institutions	特别研究助理人数 Number of special research assistant	其中：在站博士后人数 Of which: Number of postdoctoral fellows	其中：外籍博士后在站人数 Of which: Number of postdoctors with foreign citizenship	当年进站博士后人数 Number of postdoctors enrolled in 2020	其中：外籍博士后进站人数 Of which: Number of postdoctors with foreign citizenship	当年出站博士后人数 Number of postdoctors completed research successfully in 2020
总计 Total	**10491**	**7640**	**451**	**3226**	**98**	**1444**
北京市 Beijing						
数学与系统科学研究院 Academy of Mathematics and Systems Science	107	102	6	43	1	20
物理研究所 Inst. of Physics	226	212		95		34
声学研究所 Inst. of Acoustics	37	35		17		5
理论物理研究所 Inst. of Theoretical Physics	26	24	5	6		7
高能物理研究所 Inst. of High Energy Physics	115	115	32	25	7	36
国家天文台 National Astronomical Observatories of China	97	30	2	17		9
力学研究所 Inst. of Mechanics	56	50		30		12
化学研究所 Inst. of Chemistry	161	161	3	56	1	19
理化技术研究所 Technical Inst. of Physics and Chemistry	46	43	1	27		9
生态环境研究中心 Research Center for Eco-Environmental Sciences	205	194	5	56		34
过程工程研究所 Inst. of Process Engineering	140	60	2	33		11
地理科学与资源研究所 Inst. of Geographic Sciences and Natural Resources Research	238	221	5	53		43
地质与地球物理研究所 Inst. of Geology and Geophysics	149	146	7	32	2	42

续表 7-4

单位 Institutions	特别研究助理人数 Number of special research assistant	其中：在站博士后人数 Of which: Number of postdoctoral fellows	其中：外籍博士后在站人数 Of which: Number of postdoctors with foreign citizenship	当年进站博士后人数 Number of postdoctors enrolled in 2020	其中：外籍博士后进站人数 Of which: Number of postdoctors with foreign citizenship	当年出站博士后人数 Number of postdoctors completed research successfully in 2020
古脊椎动物与古人类研究所 Inst. of Vertebrate Paleontology and Paleoanthropology	9	4	2	2		3
大气物理研究所 Inst. of Atmospheric Physics	145	95	3	21		14
植物研究所 Inst. of Botany	90	90	1	25		17
动物研究所 Inst. of Zoology	130	124	5	47	2	30
心理研究所 Inst. of Psychology	71	27	2	12	1	7
微生物研究所 Inst. of Microbiology	56	56	3	36		10
生物物理研究所 Inst. of Biophysics	124	108	2	48		9
遗传与发育生物学研究所 Inst.of Genetics and Developmental Biology	177	158	15	53	1	17
遗传与发育生物学研究所农业资源研究中心 Center for Agricultural Resources Research, IGDB	21	6	1	6	1	
北京基因组研究所 Beijing Inst.of Genomics	29	25		9		1
计算技术研究所 Inst. of Computing Technology	50	42	2	24		6
计算机网络信息中心 Computer Network Information Center	56	8	1	8	1	
软件研究所 Inst. of Software	30	14		7		2
半导体研究所 Inst. of Semiconductors	44	36	3	23		17
电工研究所 Inst. of Electrical Engineering	19	19	1	16		4
空间应用工程与技术中心 Technology and Engineering Center for Space Utilization	54	7				

续表 7-4

单位 Institutions	特别研究助理人数 Number of special research assistant	其中：在站博士后人数 Of which: Number of postdoctoral fellows	其中：外籍博士后在站人数 Of which: Number of postdoctors with foreign citizenship	当年进站博士后人数 Number of postdoctors enrolled in 2020	其中：外籍博士后进站人数 Of which: Number of postdoctors with foreign citizenship	当年出站博士后人数 Number of postdoctors completed research successfully in 2020
自动化研究所 Inst. of Automation	239	88		31		33
空天信息创新研究院 Aerospace Information Research Institute	161	39		22		14
工程热物理研究所 Inst. of Engineering Thermophysics	79	33	1	23		6
国家空间科学中心 National Space Science Center	30	25	1	14		2
自然科学史研究所 Inst. of History of Natural Sciences	2	1		1		1
微电子研究所 Inst. of Microelectronics	79	42		21		6
科技战略咨询研究院 Inst. of Science and Development	28	27		10		5
青藏高原研究所 Inst. of Tibetan Plateau Research	82	67	3	21		15
国家纳米科学中心 National Center for Nano Science and Technology of China	79	75	9	42	2	11
信息工程研究所 Inst. of Information Engineering	36	13	1	7	1	3
中国科学院大学 University of CAS	246	229	14	100	4	19
文献情报中心 National Science Library	7	6		2		1
天津市 Tianjin						
天津工业生物技术研究所 Tianjin Inst. of Industrial Biotechnology	106	60				
山西省 Shanxi Province						
山西煤炭化学研究所 Shanxi Inst. of Coal Chemistry	7	7	3	2		1

续表 7-4

单位 Institutions	特别研究助理人数 Number of special research assistant	其中：在站博士后人数 Of which: Number of postdoctoral fellows	其中：外籍博士后在站人数 Of which: Number of postdoctors with foreign citizenship	当年进站博士后人数 Number of postdoctors enrolled in 2020	其中：外籍博士后进站人数 Of which: Number of postdoctors with foreign citizenship	当年出站博士后人数 Number of postdoctors completed research successfully in 2020
辽宁省、山东省 Liaoning Province and Shandong Province						
大连化学物理研究所 Dalian Inst. of Chemical Physics	288	278	21	100	2	35
沈阳应用生态研究所 Shenyang Inst. of Applied Ecology	24	18	1	12	1	3
金属研究所 Inst. of Metal Research	91	84	2	50		4
沈阳自动化研究所 Shenyang Inst. of Automation	67	64		15		1
沈阳计算技术研究所有限公司 Shenyang Institute of Computing Technology Co., Ltd.						
海洋研究所 Inst. of Oceanology	160	151	4	52	1	25
青岛生物能源与过程研究所 Qingdao Inst. of Bioenergy and Bioprocess Technology	75	69	11	36	1	34
烟台海岸带研究所 Yantai Inst. of Coastal Zone Research	12	9				
吉林省 Jilin Province						
长春应用化学研究所 Changchun Inst. of Applied Chemistry	50	47		45		4
长春光学精密机械与物理研究所 Changchun Inst. of Optics，Fine Mechanics and Physics	30	9		8		2
东北地理与农业生态研究所 Northeast Inst. of Geography and Agroecology	54	49	1	33	1	2
上海市、福建省、浙江省 Shanghai, Fujian Province and Zhejiang Province						
上海应用物理研究所 Shanghai Inst. of Applied Physics	9	9		4		10
上海天文台 Shanghai Observatory	29	25	8	13	2	2

续表 7-4

单位 Institutions	特别研究助理人数 Number of special research assistant	其中：在站博士后人数 Of which: Number of postdoctoral fellows	其中：外籍博士后在站人数 Of which: Number of postdoctors with foreign citizenship	当年进站博士后人数 Number of postdoctors enrolled in 2020	其中：外籍博士后进站人数 Of which: Number of postdoctors with foreign citizenship	当年出站博士后人数 Number of postdoctors completed research successfully in 2020
上海硅酸盐研究所 Shanghai Inst. of Ceramics	46	46	4	27	1	8
上海有机化学研究所 Shanghai Inst. of Organic Chemistry	71	59	3	38	1	13
分子细胞科学卓越创新中心 Shanghai Inst. of Biochemistry and Cell Biology	167	158	5	68		45
脑科学与智能技术卓越创新中心 Center for Excellence in Brain Science and Intelligence Technology	98	84		44		20
分子植物科学卓越创新中心 CAS Center for Excellence in Molecular Plant Sciences	100	100	15	30		35
上海营养与健康研究所 Shanghai Inst. of Nutrition and Health	65	59	1	29		4
上海巴斯德研究所 Inst. Pasteur of Shanghai	28	22		4		3
上海微系统与信息技术研究所 Shanghai Inst. of Microsystem and Information Technology	55	52	4	20		22
上海光学精密机械研究所 Shanghai Inst. of Optics and Fine Mechanics	37	28		21		4
上海技术物理研究所 Shanghai Inst. of Technical Physics	51	42		29		8
上海药物研究所 Shanghai Inst. of Materia Medica	155	94	3	55		35
上海高等研究院 Shanghai Advanced Research Institute	7	1		1		
微小卫星创新研究院 Innovation Academy for Microsatellites	29					
宁波材料技术与工程研究所 Ningbo Inst. of Material Technology and Engineering	171	147	3	60		32
福建物质结构研究所 Fujian Inst. of Research on the Structure of Matter	167	158	12	19	2	27
城市环境研究所 Inst. of Urban Environment	40	23	2	9	1	1

续表 7-4

单位 Institutions	特别研究助理人数 Number of special research assistant	其中：在站博士后人数 Of which: Number of postdoctoral fellows	其中：外籍博士后在站人数 Of which: Number of postdoctors with foreign citizenship	当年进站博士后人数 Number of postdoctors enrolled in 2020	其中：外籍博士后进站人数 Of which: Number of postdoctors with foreign citizenship	当年出站博士后人数 Number of postdoctors completed research successfully in 2020
江苏省 Jiangsu Province						
紫金山天文台 Purple Mountain Observatory	48	24	4	14	2	2
南京地理与湖泊研究所 Nanjing Inst. of Geography and Limnology	23	6		2		3
南京地质古生物研究所 Nanjing Inst. of Geology and Palaeontology	16	10	2	3		5
南京土壤研究所 Nanjing Inst. of Soil Science	45	44	2	16	1	3
国家天文台南京天文光学技术研究所 Nanjing Inst. of Astronomical Optics & Technology National Astronomical Observatories	11	3		1		
苏州纳米技术与纳米仿生研究所 Suzhou Inst. of Nano-Tech and Nano-Bionics	141	103	4	3	3	4
苏州生物医学工程技术研究所 Suzhou Institute of Biomedical Engineering and Technology	59	11				
安徽省 Anhui Provinces						
合肥物质科学研究院 Hefei Inst. of Physical Sciences	190	156	8	91	6	21
中国科学技术大学 University of Science and Technology of China	1366	868	39	464	12	202
湖北省 Hubei Province						
精密测量科学与技术创新研究院 Innovation Academy for Precision Measurement Science and Technology	101	71	2	20		10
武汉岩土力学研究所 Wuhan Inst. of Rock and Soil Mechanics	30	18	3	5	1	5
武汉植物园 Wuhan Botanical Garden	16	4	2	2	1	2
水生生物研究所 Inst. of Hydrobiology	116	92	3	27	1	7

续表 7-4

单位 Institutions	特别研究助理人数 Number of special research assistant	其中：在站博士后人数 Of which: Number of postdoctoral fellows	其中：外籍博士后在站人数 Of which: Number of postdoctors with foreign citizenship	当年进站博士后人数 Number of postdoctors enrolled in 2020	其中：外籍博士后进站人数 Of which: Number of postdoctors with foreign citizenship	当年出站博士后人数 Number of postdoctors completed research successfully in 2020
武汉病毒研究所 Wuhan Inst. of Virology	53	48		7		4
武汉文献情报中心 Wuhan library	13					
广东省、湖南省 Guangdong Province and Hunan Province						
亚热带农业生态研究所 Inst. of Subtropical Agriculture	40	29	2	12	2	4
广州地球化学研究所 Guangzhou Inst. of Geochemistry	51	50	11	34	2	14
南海海洋研究所 South China Sea Inst. of Oceanology	118	30	2	13		9
华南植物园 South China Botanical Garden	80	78	2	36	1	5
广州能源研究所 Guangzhou Inst. of Energy Conversion	39	26	4	12	1	2
广州生物医药与健康研究院 Guangzhou Inst. of Biomedicine and Health	95	69	11	89	10	9
深圳先进技术研究院 Shenzhen Inst. of Advanced Technology	957	716	17	262	3	153
四川省 Sichuan Province						
光电技术研究所 Inst. of Optics and Electronics	44	12		8		1
成都山地灾害与环境研究所 Chengdu Inst. of Mountain Hazards and Environment	26	24		9		2
成都生物研究所 Chengdu Inst. of Biology	29	13		10		3
成都文献情报中心 Chengdu Library and Information Center	2					
成都信息技术股份有限公司 Chengdu Information Technology of CAS Co., Ltd.						

续表 7-4

单位 Institutions	特别研究助理人数 Number of special research assistant	其中：在站博士后人数 Of which: Number of postdoctoral fellows	其中：外籍博士后在站人数 Of which: Number of postdoctors with foreign citizenship	当年进站博士后人数 Number of postdoctors enrolled in 2020	其中：外籍博士后进站人数 Of which: Number of postdoctors with foreign citizenship	当年出站博士后人数 Number of postdoctors completed research successfully in 2020
成都有机化学有限公司 Chengdu Organic Chemistry Co., Ltd.						
重庆市 Chongqing						
重庆绿色智能技术研究院 Chongqing Inst. of Green and Intelligent Technology	36	11	2	12	1	
云南省、贵州省 Yunnan Province and Guizhou Province						
地球化学研究所 Inst. of Geochemistry	58	50	3	16	2	2
昆明植物研究所 Kunming Inst. of Botany	67	59	24	33	3	12
昆明动物研究所 Kunming Inst. of Zoology	51	26		4		1
西双版纳热带植物园 Xishuangbanna Tropical Botanical Garden	48	30	32	4	2	6
云南天文台 Yunnan Observatories	9	5	2	2	1	
陕西省 Shaanxi Province						
西安光学精密机械研究所 Xi'an Inst. of Optics and Precision Mechanics	51	20	1	9	1	5
地球环境研究所 Inst. of Earth Environment	32	8		3		4
国家授时中心 National Time Service Center	14					2
甘肃省、青海省 Gansu Province and Qinghai Province						
近代物理研究所 Inst. of Modern Physics	114	33	9	7	2	7
兰州化学物理研究所 Lanzhou Inst. of Chemical Physics	25	2		1		1
西北生态环境资源研究院 Northwest Inst. of Eco-Environment and Resources	38	28	7	23		12

续表 7-4

单位 Institutions	特别研究助理人数 Number of special research assistant	其中：在站博士后人数 Of which: Number of postdoctoral fellows	其中：外籍博士后在站人数 Of which: Number of postdoctors with foreign citizenship	当年进站博士后人数 Number of postdoctors enrolled in 2020	其中：外籍博士后进站人数 Of which: Number of postdoctors with foreign citizenship	当年出站博士后人数 Number of postdoctors completed research successfully in 2020
青海盐湖研究所 Qinghai Inst. of Saline Lakes	11	1				
西北高原生物研究所 Northwest Inst. of Plateau Biology	16	8		1		
新疆维吾尔自治区 Xinjiang Uygur Autonomous Region						
新疆理化技术研究所 Xinjiang Technical Inst. of Physics and Chemistry	53	23	5	8	2	4
新疆生态与地理研究所 Xinjiang Inst. of Ecology and Geography	71	19	7	15	1	4
新疆天文台 Xinjiang Astronomical Observatory	2					
海南省 Hainan Province						
深海科学与工程研究所 Inst. of Deep-sea Science and Engineering	21	3		3		

7-5　青年创新促进会会员及优秀会员情况

The Statistics of Youth Innovation Promotion Association Members & Excellent Members

单位：人　　　　　　　　　　　　　　　　　　　　（person）

年份 Year	会员 Members	优秀会员 Excellent members
2011	340	
2012	350	
2013	318	
2014	394	
2015	391	95
2016	397	86
2017	500	71
2018	500	81
2019	450	88
2020	458	93

7-6 青年创新促进会会员及优秀会员情况（2020 年）

The Statistics of Youth Innovation Promotion Association Members & Excellent Members：2020

单位：人・次　　　　（person・time）

单位 Unit	总计 Total	会员 Members	优秀会员 Excellent members
合计 **Total**	**551**	**458**	**93**
一、地区 By region			
北京地区 Beijing region	225	179	46
沈阳地区 Shenyang region	42	36	6
长春地区 Changchun region	21	18	3
上海地区 Shanghai region	87	73	14
南京地区 Nanjing region	18	15	3
合肥地区 Hefei region	12	9	3
武汉地区 Wuhan region	16	13	3
广州地区 Guangzhou region	29	25	4
成都地区 Chengdu region	17	17	0
昆明地区 Kunming region	16	15	1
西安地区 Xi’an region	14	13	1
兰州地区 Lanzhou region	24	20	4
新疆地区 Xinjiang region	10	9	1
二、院校 By College			
中国科学院大学 University of CAS	4	4	
中国科学技术大学 University of Science and Technology of China	16	12	4

八、高等教育

HIGHER EDUCATION

8-1 录取研究生和授予学位情况

Total Enrollment of Graduate Students and Degrees Granted

单位：人 （person）

年份 Year	录取研究生 Total enrollment			授予学位 Total degrees granted		
	合计 Total	博士 Doctor's degree	硕士 Master's degree	合计 Total	博士 Doctor's degree	硕士 Master's degree
1955～1965	1287		1287			
1978	1400		1400			
1979	351		351			
1980	193		193			
1981	1123	107	1016	974		974
1982	1329	42	1287	178		178
1983	1334	59	1275	205		205
1984	1772	253	1519	469		469
1985	2349	372	1977	1181	72	1109
1986	2314	392	1922	998	78	920
1987	2361	561	1800	1187	82	1105
1988	2325	513	1812	2255	189	2066
1989	1966	416	1550	2370	313	2057
1990	1883	488	1395	1662	226	1436
1991	1862	562	1300	1940	326	1614
1992	2197	702	1495	1580	278	1302
1993	2383	724	1659	1019	244	775
1994	3024	1180	1844	1529	413	1116
1995	3372	1466	1906	1693	518	1175
1996	3631	1603	2028	2179	689	1490
1997	3605	1605	2000	2516	849	1667
1998	3769	1720	2049	2391	1111	1280
1999	4287	1926	2361	2769	1213	1556
2000	5807	2622	3185	2662	1247	1415
2001	7344	3171	4173	2953	1473	1480
2002	9346	3943	5403	3009	1451	1558
2003	11439	5004	6435	4019	1931	2088
2004	12981	5562	7419	5092	2428	2664
2005	13639	5691	7948	6851	3116	3735
2006	14007	5726	8281	8160	4036	4124
2007	14315	5749	8566	9353	4597	4756
2008	14731	5786	8945	10704	5053	5651
2009	15893	6111	9782	11003	5155	5848
2010	16882	6092	10790	10717	5347	5370
2011	16851	6363	10488	10318	5317	5001
2012	17446	6643	10803	11453	5524	5929
2013	18599	7069	11530	13009	5904	7105
2014	18977	7300	11677	12463	5797	6666
2015	20416	7884	12532	13219	5806	7413
2016	20546	7781	12765	13750	5901	7849
2017	21504	8142	13362	14412	6091	8321
2018	22761	8715	14046	14593	6345	8248
2019	23281	9001	14280	14597	6751	7846
2020	25995	9428	16567	15494	6991	8503

8-2 研究生招收培养
Total Enrollment of Graduate

单位：人

单位 Institution	录取研究生 Enrollment in 2020		
	合计 Total	博士 Doctor's degree	硕士 Master's degree
总计 Total	**25995**	**9428**	**16567**
北京市 Beijing	9039	3799	5240
数学与系统科学研究院 Academy of Mathematics & Systems Science	244	121	123
物理研究所 Inst. of Physics	305	178	127
声学研究所 Inst. of Acoustics	168	71	97
理论物理研究所 Inst. of Theoretical Physics	52	27	25
理化技术研究所 Technical Inst. of Physics and Chemistry	176	76	100
高能物理研究所 Inst. of High Energy Physics	230	106	124
国家天文台 National Astronomical Observatories of China	97	52	45
力学研究所 Inst. of Mechanics	133	50	83
化学研究所 Inst. of Chemistry	363	211	152
生态环境研究中心 Research Center for Eco-Environmental Sciences	263	127	136
国家纳米科学中心 National Center for Nanoscience Technology	97	47	50
过程工程研究所 Inst. of Process Engineering	161	81	80
地理科学与资源研究所 Inst. of Geographic Sciences and Natural Resources Research	259	162	97
青藏高原研究所 Inst. of Tibetan Plateau Research	75	38	37
地质与地球物理研究所 Inst. of Geology and Geophysics	172	88	84

及授予学位情况（2020 年）

Students and Degrees Granted: 2020

（person）

在学研究生 Ongoing Graduate Students			授予博士学位 Doctor's degree				授予硕士学位 Master's degree			
合计 Total	博士 Doctor's degree	硕士 Master's degree	合计 Total	理学 Natural sciences	工学 Enginee-ring sciences	其他 Others	合计 Total	理学 Natural sciences	工学 Enginee-ring sciences	其他 Others
77288	**35832**	**41456**	**6991**	**4468**	**2360**	**163**	**8503**	**2092**	**2722**	**3689**
28926	15014	13912	2885	1872	966	47	3371	891	720	1760
748	440	308	109	107	2		50	41	2	7
1009	666	343	155	144	11		15	5	1	9
563	285	278	62	19	43		52	8	18	26
157	96	61	26	26			1	1		
663	381	282	83	42	41		44	14	10	20
688	401	287	93	67	26		26	3	6	17
337	231	106	54	54			17	14		3
409	171	238	33	9	24		23	5	17	1
1086	742	344	178	164	14		28	8	1	19
890	530	360	116	83	33		73	27	21	25
394	216	178	65	54	11		43	25	12	6
574	340	234	61		61		73		32	41
907	621	286	129	129			77	68		9
272	173	99	25	25			35	35		
652	430	222	106	90	16		40	32	8	

单位 Institution	录取研究生 Enrollment in 2020		
	合计 Total	博士 Doctor's degree	硕士 Master's degree
古脊椎动物与古人类研究所 Inst. of Vertebrate Paleontology and Paleoanthropology	33	15	18
大气物理研究所 Inst. of Atmospheric Physics	160	93	67
植物研究所 Inst. of Botany	211	98	113
动物研究所 Inst. of Zoology	214	108	106
心理研究所 Inst. of Psychology	110	46	64
微生物研究所 Inst. of Microbiology	144	65	79
生物物理研究所 Inst. of Biophysics	216	117	99
遗传与发育生物学研究所 Inst. of Genetics and Developmental Biology	148	102	46
北京基因组研究所 Beijing Inst. of Genetics	74	31	43
计算技术研究所 Inst. of Computing Technology	360	117	243
计算机网络信息中心 Computer Network Information Center	73	16	57
软件研究所 Inst. of Software	151	52	99
信息工程研究所 Inst. of Information Engineering	489	205	284
半导体研究所 Inst. of Semiconductors	246	112	134
微电子研究所 Inst. of Microelectronics	324	117	207
空天信息创新研究院 Aerospace Information Research Institute	462	201	261
电工研究所 Inst. of Electric Engineering	103	39	64
工程热物理研究所 Inst. of Engineering Thermophysics	85	37	48
国家空间科学中心 National Space Science Center	144	49	95

续表 8-2

在学研究生 Ongoing Graduate Students			授予博士学位 Doctor's degree				授予硕士学位 Master's degree			
合计 Total	博士 Doctor's degree	硕士 Master's degree	合计 Total	理学 Natural sciences	工学 Enginee-ring sciences	其他 Others	合计 Total	理学 Natural sciences	工学 Enginee-ring sciences	其他 Others
111	53	58	12	10		2	9	6		3
528	328	200	80	80			29	21		8
801	445	356	97	97			71	63		8
762	464	298	81	69		12	54	37		17
399	177	222	34	34			139	123		16
572	326	246	58	52		6	52	27		25
709	410	299	104	103		1	17	9		8
664	513	151	76	76			17	13		4
261	144	117	39	39			28	19		9
1265	575	690	77		77		167		104	63
233	73	160	10		10		41		19	22
546	248	298	26		25	1	84		66	18
1709	903	806	101		101		216		97	119
729	377	352	122	12	110		41	4	24	13
839	379	460	44		43	1	43		21	22
1581	874	707	119	49	70		184	37	77	70
363	186	177	31		31		54		35	19
289	141	148	39		39		31		22	9
457	214	243	39	22	17		55	10	24	21

单位 Institution	录取研究生 Enrollment in 2020		
	合计 Total	博士 Doctor's degree	硕士 Master's degree
空间应用工程与技术中心 Technology and Engineering Center for Space Utilization	56	16	40
自动化研究所 Inst. of Automation	225	102	123
自然科学史研究所 Inst. of History of Natural Sciences	17	8	9
科技政策与管理科学研究所 Inst. of Policy and Management	48	23	25
文献情报中心 National Science Library	52	19	33
中国科学院大学（校部） University of CAS	2099	576	1523
天津市 Tianjin	29	12	17
天津工业生物技术研究所 Tianjin Inst. of Industrial Biotechnology	29	12	17
河北省 Hebei Province	61	23	38
遗传与发育生物学研究所农业资源研究中心 Center for Agricultural Resources Research，Institute of Genetics and Developmental Biology	37	13	24
渗流流体力学研究所 Inst. of Osmotic Mechanics	24	10	14
山西省 Shanxi Province	113	54	59
山西煤炭化学研究所 Shanxi Inst. of Coal Chemistry	113	54	59
辽宁省、山东省 Liaoning Province and Shandong Province	1292	545	747
大连化学物理研究所 Dalian Inst. of Chemical Physics	315	152	163
沈阳应用生态研究所 Shenyang Inst. of Applied Ecology	110	49	61
沈阳自动化研究所 Shenyang Inst. of Automation	144	50	94
金属研究所 Inst. of Metals Research	318	145	173
海洋研究所 Inst. of Oceanology	197	86	111

续表 8-2

在学研究生 Ongoing Graduate Students			授予博士学位 Doctor's degree				授予硕士学位 Master's degree			
合计 Total	博士 Doctor's degree	硕士 Master's degree	合计 Total	理学 Natural sciences	工学 Enginee-ring sciences	其他 Others	合计 Total	理学 Natural sciences	工学 Enginee-ring sciences	其他 Others
183	72	111	7		7		26		11	15
790	465	325	102		102		62		39	23
59	35	24	4	3		1	8	7		1
153	92	61	24	24			7	4		3
190	93	97	11	11			30	30		
5384	1704	3680	253	178	52	23	1309	195	53	1061
102	49	53	12	10	2		13	1	1	11
102	49	53	12	10	2		13	1	1	11
182	79	103	20	16	4		28	11	4	13
113	48	65	16	16			21	11		10
69	31	38	4		4		7		4	3
387	213	174	58	23	35		35	8	16	11
387	213	174	58	23	35		35	8	16	11
4167	2211	1956	463	219	233	11	328	49	105	174
1067	668	399	136	81	55		37	2	6	29
368	201	167	40	23	12	5	44	19	5	20
481	238	243	41		41		39		24	15
987	592	395	85		85		39		35	4
604	265	339	97	87	4	6	60	20	1	39

单位 Institution	录取研究生 Enrollment in 2020		
	合计 Total	博士 Doctor's degree	硕士 Master's degree
青岛生物能源与过程研究所 Qingdao Inst. of Bioenergy and Bioprocess Technology	59	30	29
烟台海岸带研究所 Yantai Inst. of Coastal Zone Research	57	24	33
沈阳计算技术研究所有限公司 Shenyang Computing Technology Co., Ltd.	92	9	83
吉林省 Jilin Province	894	353	541
长春应用化学研究所 Changchun Inst. of Applied Chemistry	394	164	230
东北地理与农业生态研究所 Northeast Inst. of Geography and Agroecology	66	36	30
长春光学精密机械与物理研究所 Changchun Inst. of Optics, Fine Mechanics and Physics	427	148	279
国家天文台长春人造卫星观测站 Changchun Observatory, National Astronomical Observatories	7	5	2
上海市、福建省、浙江省 Shanghai, Fujian Province and Zhejiang Province	2643	1121	1522
上海应用物理研究所 Shanghai Inst. of Applied Physics	162	77	85
上海天文台 Shanghai Observatory	50	23	27
上海硅酸盐研究所 Shanghai Inst. of Ceramics	150	72	78
上海有机化学研究所 Shanghai Inst. of Organic Chemistry	263	115	148
分子细胞科学卓越创新中心 Shanghai Inst. of Biochemistry and Cell Biology	216	88	128
脑科学与智能技术卓越创新中心 Center for Excellence in Brain Science and Intelligence Technology	89	42	47
分子植物科学卓越创新中心 CAS Center for Excellence in Molecular Plant Sciences	192	95	97
上海营养与健康研究所 Shanghai Inst. of Nutrition and Health	165	81	84
上海巴斯德研究所 Inst. Pasteur of Shanghai	45	23	22

续表 8-2

在学研究生 Ongoing Graduate Students			授予博士学位 Doctor's degree				授予硕士学位 Master's degree			
合计 Total	博士 Doctor's degree	硕士 Master's degree	合计 Total	理学 Natural sciences	工学 Enginee-ring sciences	其他 Others	合计 Total	理学 Natural sciences	工学 Enginee-ring sciences	其他 Others
204	120	84	35	14	21		24	3	5	16
182	84	98	28	14	14		21	5	2	14
274	43	231	1		1		64		27	37
2316	1258	1058	223	142	81		109	45	52	12
1026	582	444	71	69	2		24	17	7	
216	135	81	39	39			20	16		4
1059	531	528	113	34	79		65	12	45	8
15	10	5								
8004	4304	3700	1095	744	348	3	639	175	220	244
488	288	200	74	46	28		32	14	11	7
170	98	72	25	25			13	10		3
496	265	231	68	7	61		59	2	40	17
704	341	363	112	112			36	22		14
657	422	235	114	114			31	24		7
349	248	101	38	38			3	2		1
635	407	228	87	87			19	16		3
521	341	180	74	71		3	15	8		7
140	86	54	21	21			7	1		6

单位 Institution	录取研究生 Enrollment in 2020		
	合计 Total	博士 Doctor's degree	硕士 Master's degree
上海微系统与信息技术研究所 Shanghai Inst. of Microsystem and Information Technology	196	72	124
上海光学精密机械研究所 Shanghai Inst. of Optics and Fine Mechanics	207	76	131
上海技术物理研究所 Shanghai Inst. of Technical Physics	137	65	72
上海药物研究所 Shanghai Inst. of Materia Medica	261	88	173
声学研究所东海研究站 Shanghai Acoustics Laboratory	8		8
上海高等研究院 Shanghai Advanced Research Institute	79	27	52
微小卫星创新研究院 Innovation Academy for Microsatellites	36	13	23
宁波材料技术与工程研究所 Ningbo Inst. of Material Technology and Engineering	152	58	94
福建物质结构研究所 Fujian Inst. of Research on the Structure of Matter	161	66	95
城市环境研究所 Inst. of Urban Environment	74	40	34
江西省 Jiangxi Province	163	14	149
赣江创新研究院 Ganjiang Innovation Academy	163	14	149
江苏省 Jiangsu Province	560	233	327
紫金山天文台 Purple Mountain Observatory	88	32	56
南京地理与湖泊研究所 Nanjing Inst. of Geography and Limnology	63	31	32
南京地质古生物研究所 Nanjing Inst. of Geology and Palaeontology	27	12	15
南京土壤研究所 Nanjing Inst. of Soil Science	109	48	61
国家天文台南京天文光学技术研究所 Nanjing Institute of Astronomical Optics & Technology	24	7	17

续表 8-2

在学研究生 Ongoing Graduate Students			授予博士学位 Doctor's degree				授予硕士学位 Master's degree			
合计 Total	博士 Doctor's degree	硕士 Master's degree	合计 Total	理学 Natural sciences	工学 Enginee-ring sciences	其他 Others	合计 Total	理学 Natural sciences	工学 Enginee-ring sciences	其他 Others
555	281	274	75		75		91		69	22
564	289	275	81	23	58		44	3	28	13
418	208	210	44	3	41		27	3	24	
717	289	428	87	87			57	19		38
26		26					8	6		2
267	120	147	29	12	17		47	9	8	30
96	34	62					15		10	5
456	211	245	40	13	27		69	6	20	43
471	217	254	79	56	23		41	19	4	18
274	159	115	47	29	18		25	11	6	8
163	14	149								
163	14	149								
1642	844	798	161	112	17	32	123	57	36	30
262	136	126	25	25			9	6	3	
217	121	96	40	40			26	20		6
90	47	43	7	7			14	10	4	
374	213	161	56	24		32	33	12		21
80	27	53	7	1	6		10	2	5	3

单位 Institution	录取研究生 Enrollment in 2020		
	合计 Total	博士 Doctor's degree	硕士 Master's degree
南京中科天文仪器有限公司 CAS Nanjing Astronomic Instrument Co., Ltd.	4		4
苏州纳米技术与纳米仿生研究所 Suzhou Institute of Nano-Tech and Nano-Bionics	123	57	66
苏州生物医学工程技术研究所 Suzhou Inst. of Biomedical Engineering and Technology	122	46	76
安徽省 Anhui Province	7729	1866	5863
合肥物质科学研究院 Hefei Institutes of Physical Sciences	739	297	442
中国科学技术大学 University of Science and Technology of China	6990	1569	5421
湖北省 Hubei Province	558	254	304
精密测量科学与技术创新研究院 Innovation Academy for Precision Measurement Science and Technology	156	72	84
武汉岩土力学研究所 Wuhan Inst. of Rock and Soil Mechanics	78	42	36
武汉植物园 Wuhan Botanical Garden	48	21	27
水生生物研究所 Inst. of Hydrobiology	178	78	100
武汉病毒研究所 Wuhan Inst. of Virology	98	41	57
广东省、湖南省 Guangdong Province and Hunan Province	898	314	584
亚热带农业生态研究所 Inst. of Subtropical Agriculture	45	19	26
广州地球化学研究所 Guangzhou Inst. of Geochemistry	173	86	87
南海海洋研究所 South China Sea Inst. of Oceanology	131	49	82
华南植物园 South China Botanical Garden	123	39	84
广州能源研究所 Guangzhou Inst. of Energy Conversion	63	22	41
广州生物医药与健康研究院 Guangzhou Institutes of Biomedicine and Health	80	35	45

在学研究生 Ongoing Graduate Students			授予博士学位 Doctor's degree				授予硕士学位 Master's degree			
合计 Total	博士 Doctor's degree	硕士 Master's degree	合计 Total	理学 Natural sciences	工学 Enginee-ring sciences	其他 Others	合计 Total	理学 Natural sciences	工学 Enginee-ring sciences	其他 Others
12		12					2	2		
336	163	173	23	15	8		16	2	14	
271	137	134	3		3		13	3	10	
20004	6115	13889	810	421	361	28	2479	237	1373	869
2062	1034	1028	169	85	84		136	28	100	8
17942	5081	12861	641	336	277	28	2343	209	1273	861
1807	1009	798	218	169	39	10	157	92	14	51
502	293	209	47	41	6		38	21	7	10
257	160	97	33		33		14		7	7
157	73	84	30	30			30	23		7
566	302	264	78	76		2	50	32		18
325	181	144	30	22		8	25	16		9
2834	1265	1569	296	245	45	6	385	126	29	230
173	95	78	17	17			20	14		6
601	364	237	75	75			24	15		9
422	199	223	37	37			65	33		32
400	160	240	48	48			62	39		23
198	79	119	21		21		33	2	17	14
246	135	111	49	43		6	14	4		10

单位 Institution	录取研究生 Enrollment in 2020		
	合计 Total	博士 Doctor's degree	硕士 Master's degree
广州化学有限公司 Guangzhou Chemistry Co., Ltd.	35	11	24
深圳先进技术研究院 Shenzhen Institutes of Advanced Technology	248	53	195
四川省、重庆市 Sichuan Province and Chongqing	456	175	281
成都山地灾害与环境研究所 Chengdu Inst. of Mountain Hazards and Environment	73	33	40
成都生物研究所 Chengdu Inst. of Biology	108	39	69
光电技术研究所 Inst. of Optics and Electronics	133	50	83
成都信息技术有限公司 Chengdu Information Technology Co., Ltd.	36	12	24
成都有机化学有限公司 Chengdu Organic Chemistry Co., Ltd.	51	26	25
重庆绿色智能技术研究院 Chongqing Inst. of Green and Intelligent Technology	55	15	40
云南省、贵州省 Yunnan Province and Guizhou Province	458	180	278
地球化学研究所 Inst. of Geochemistry	110	45	65
昆明植物研究所 Kunming Inst. of Botany	138	54	84
西双版纳热带植物园 Xishuangbanna Tropical Botanical Garden	70	19	51
昆明动物研究所 Kunming Inst. of Zoology	97	43	54
云南天文台 Yunnan Astronomical Observatory	43	19	24
陕西省 Shaanxi Province	309	122	187
国家授时中心 National Time Service Center	54	20	34
西安光学精密机械研究所 Xi'an Inst. of Optics and Precision Mechanics	159	56	103
地球环境研究所 Inst. of Earth Environment	44	21	23

续表 8-2

在学研究生 Ongoing Graduate Students			授予博士学位 Doctor's degree				授予硕士学位 Master's degree			
合计 Total	博士 Doctor's degree	硕士 Master's degree	合计 Total	理学 Natural sciences	工学 Enginee-ring sciences	其他 Others	合计 Total	理学 Natural sciences	工学 Enginee-ring sciences	其他 Others
107	37	70	8	8			11	6		5
687	196	491	41	17	24		156	13	12	131
1533	726	807	136	54	75	7	208	60	65	83
287	153	134	25	15	4	6	36	10	10	16
370	163	207	28	27		1	61	38		23
434	206	228	38		38		54		33	21
124	60	64	11		11		17		13	4
145	84	61	24	12	12		18	10	4	4
173	60	113	10		10		22	2	5	15
1561	763	798	179	160	15	4	215	136	8	71
372	199	173	47	32	15		47	22	8	17
449	221	228	53	53			72	43		29
248	82	166	26	26			48	39		9
347	184	163	36	32		4	33	18		15
145	77	68	17	17			15	14		1
1072	570	502	121	56	50	15	127	29	39	59
174	82	92	25	11	14		23	4	7	12
562	296	266	51	15	36		63	9	32	22
137	75	62	23	23			13	11		2

单位 Institution	录取研究生 Enrollment in 2020		
	合计 Total	博士 Doctor's degree	硕士 Master's degree
水土保持与生态环境研究中心 Inst. of Soil & Water Conservation	52	25	27
甘肃省、青海省 Gansu Province and Qinghai Province	528	252	276
近代物理研究所 Inst. of Modern Physics	145	69	76
兰州化学物理研究所 Lanzhou Inst. of Chemical Physics	113	61	52
西北生态环境资源研究院 Northwest Institute of Eco-Environment and Resources	181	92	89
青海盐湖研究所 Qinghai Inst. of Saline Lakes	41	12	29
西北高原生物研究所 Northwest Inst. of Plateau Biology	48	18	30
新疆维吾尔自治区 Xinjiang Uygur Autonomous Region	234	97	137
新疆生态与地理研究所 Xinjiang Inst. of Ecology and Geography	116	44	72
新疆理化技术研究所 Xinjiang Technical Inst. of Physics and Chemistry	91	40	51
新疆天文台 Xinjiang Astronomical Observatory	27	13	14
海南省 Hainan Province	31	14	17
深海科学与工程研究所 Institute of Deep-sea Science and Engineering	31	14	17

续表 8-2

在学研究生 Ongoing Graduate Students			授予博士学位 Doctor's degree				授予硕士学位 Master's degree			
合计 Total	博士 Doctor's degree	硕士 Master's degree	合计 Total	理学 Natural sciences	工学 Engineering sciences	其他 Others	合计 Total	理学 Natural sciences	工学 Engineering sciences	其他 Others
199	117	82	22	7		15	28	5		23
1708	956	752	212	147	65		168	110	16	42
456	276	180	41	20	21		29	11	10	8
341	188	153	56	38	18		22	7	3	12
630	386	244	83	57	26		71	58	2	11
121	36	85	13	13			22	10	1	11
160	70	90	19	19			24	24		
776	390	386	96	72	24		104	55	20	29
388	184	204	47	44	3		64	44	3	17
305	158	147	42	21	21		35	6	17	12
83	48	35	7	7			5	5		
104	52	52	6	6			14	10	4	
104	52	52	6	6			14	10	4	

8-3 本科生录取和毕业大学生情况

Enrollment and Graduation of Undergraduate Students

单位：人 （person）

年份 Year	录取大学生 Total enrollment			毕业大学生 Total graduation		
	合计 Total	本科 Regular college courses	专科 Special college courses	合计 Total	本科 Regular college courses	专科 Special college courses
1978	999	999				
1979	3009	3009		869	799	70
1980	557	557		1451	1334	117
1981	568	568		108		108
1982	639	588	51	690	690	
1983	721	662	59	668	668	
1984	758	714	44	529	476	53
1985	835	777	58	593	534	59
1986	752	752		574	574	
1987	985	810	175	572	572	
1988	1054	774	280	850	638	212
1989	748	632	116	892	687	205
1990	860	695	165	1003	734	269
1991	970	776	194	820	683	137
1992	1291	865	426	987	821	166
1993	1870	1032	838	899	684	215
1994	1721	1084	637	869	493	376
1995	1621	1123	498	1502	611	891
1996	1759	1148	611	1494	867	627
1997	1448	1248	200	1366	886	480
1998	1583	996	587	1590	1450	140
1999	1980	1840	140	1181	984	197
2000	2042	1902	140	1875	1540	335

续表 8-3

年份 Year	录取大学生 Total enrollment			毕业大学生 Total graduation		
	合计 Total	本科 Regular college courses	专科 Special college courses	合计 Total	本科 Regular college courses	专科 Special college courses
2001	2005	1825	180	1986	1704	282
2002	1863	1863		2012	1871	141
2003	1862	1862		2321	2321	
2004	1848	1848		1754	1754	
2005	1842	1842		1763	1763	
2006	1941	1941		1797	1797	
2007	1963	1963		1753	1753	
2008	1690	1690		1866	1866	
2009	1806	1806		1845	1845	
2010	1787	1787		1884	1877	7
2011	1788	1788		1918	1918	
2012	1828	1828		1680	1680	
2013	1856	1856		1736	1736	
2014	2278	2278		1757	1757	
2015	2127	2127		1714	1714	
2016	2257	2257		1774	1774	
2017	2208	2208		1741	1741	
2018	2258	2258		2035	2035	
2019	2226	2226		2030	2030	
2020	2311	2311		2107	2107	

8-4　中国科学院院长奖学金获奖情况

Statistics of CAS President's Scholarship

单位：人　　（person）

年份 Year	获特别奖人数 Number of special awards	获优秀奖人数 Number of excellence awards
1989	8	136
1990	10	145
1991	10	142
1992	9	154
1993	10	154
1994	15	151
1995	16	152
1996	20	150
1997	20	149
1998	20	150
1999	20	150
2000	20	149
2001	19	151
2002	20	150
2003	20	200
2004	20	199
2005	20	196
2006	20	199
2007	20	200
2008	20	200
2009	20	200
2010	20	200
2011	50	300
2012	50	300
2013	50	300
2014	50	300
2015	50	300
2016	50	300
2017	50	300
2018	50	300
2019	80	400
2020	80	400

九、专利、科技论文、获奖成果

PATENTS, S&T PAPERS AND AWARD-WINNING ACHIEVEMENTS

9-1 专利申请受理量及授权量

Number of Patents Applied and Granted

单位：件 （item）

年份 Year	申请量 Applied					授权量 Granted				
	合计 Total	发明 Invention	实用新型 Utility model	外观设计 Exterior design	国外 Overseas	合计 Total	发明 Invention	实用新型 Utility model	外观设计 Exterior design	国外 Overseas
1985～1997	5374	3294	2043	37		2295	1015	1269	11	
1998	1059	694	346	19		264	76	176	12	
1999	1127	775	340	12		472	108	360	4	
2000	1701	1218	468	15		802	442	352	8	
2001	2010	1491	477	7	35	920	449	453	12	6
2002	2523	1945	502	19	57	1006	583	413	5	5
2003	3263	2617	578	15	53	1534	1055	450	17	12
2004	3595	2944	567	35	49	2048	1484	521	29	14
2005	3960	3328	492	79	61	1959	1498	429	21	11
2006	4092	3510	487	11	84	2111	1536	517	45	13
2007	4424	3907	426	6	85	2197	1659	508	12	18
2008	5616	4826	582	20	188	2665	2072	554	11	28
2009	6222	5481	529	8	204	3167	2579	539	15	34
2010	7527	6608	568	21	330	3406	2731	604	13	58
2011	9487	8178	729	52	528	4522	3744	659	46	73
2012	11028	9644	741	31	612	5974	5017	825	33	99
2013	13292	11392	1282	36	582	6383	4944	1220	40	179
2014	13941	12077	1268	37	559	7121	5507	1361	43	210
2015	13475	11551	1285	30	609	8527	6983	1301	29	214
2016	14881	12461	1579	46	795	9786	8170	1312	39	265
2017	15829	13170	1728	42	889	10223	8488	1352	47	336
2018	17686	14725	1977	46	938	9616	7195	1979	58	384
2019	19300	16032	1926	56	1286	10853	8562	1851	54	386
2020	21110	17397	1997	78	1638	13529	10625	2388	75	441

9-2 专利申请受理量及授权量（2020 年）

Number of Patents Applied and Granted: 2020

单位：件 （item）

机构名称 Institution	申请量 Applied					授权量 Granted				
	合计 Total	发明 Invention	实用新型 Utility model	外观设计 Exterior design	国外 Overseas	合计 Total	发明 Invention	实用新型 Utility model	外观设计 Exterior design	国外 Overseas
总计 Total	**21110**	**17397**	**1997**	**78**	**1638**	**13529**	**10625**	**2388**	**75**	**441**
深圳先进技术研究院 Shenzhen Institutes of Advanced Technology	1723	993	110	4	616	660	476	147	12	25
大连化学物理研究所 Dalian Inst. of Chemical Physics	1389	1216	69	11	93	743	612	59	7	65
微电子研究所 Inst. of Microelectronics	1215	1127	20	1	67	286	241	15	2	28
中国科学技术大学 University of Science and Technology of China	1143	958	151	2	32	797	605	190		2
长春光学精密机械与物理研究所 Changchun Inst. of Optics, Fine Mechanics and Physics	608	581	14		13	494	490	2		2
宁波材料技术与工程研究所 Ningbo Inst. of Material Technology and Engineering	584	495	44	1	44	324	277	43		4
金属研究所 Inst. of Metal Research	555	455	78	14	8	299	213	76	10	
理化技术研究所 Technical Inst. of Physics and Chemistry	517	359	144		14	308	206	94		8
沈阳自动化研究所 Shenyang Inst. of Automation	488	374	104	8	2	178	98	74		6
西安光学精密机械研究所 Xi'an Inst. of Optics and Precision Mechanics	470	365	98	1	6	270	148	122		

续表 9-2

机构名称 Institution	申请量 Applied					授权量 Granted				
	合计 Total	发明 Invention	实用新型 Utility model	外观设计 Exterior design	国外 Overseas	合计 Total	发明 Invention	实用新型 Utility model	外观设计 Exterior design	国外 Overseas
上海微系统与信息技术研究所 Shanghai Inst. of Microsystem and Information Technology	443	400	15	4	24	139	117	12		10
合肥物质科学研究院 Hefei Institutes of Physical Sciences	425	343	72	2	8	370	268	96	4	2
过程工程研究所 Inst. of Process Engineering	394	341	36		17	383	335	26	1	21
空天信息创新研究院 Aerospace Information Research Institute	378	333	34		11	337	319	10		8
长春应用化学研究所 Changchun Inst. of Applied Chemistry	334	312	13		9	240	222	11		7
兰州化学物理研究所 Lanzhou Inst. of Chemical Physics	323	311	12			191	176	15		
上海光学精密机械研究所 Shanghai Inst. of Optics and Fine Mechanics	322	283	16	2	21	150	131	12	2	5
半导体研究所 Inst. of Semiconductors	312	297	5		10	223	212	10		1
信息工程研究所 Inst. of Information Engineering	295	295				223	223			
上海药物研究所 Shanghai Inst. of Materia Medica	294	153	4		137	112	65	5		42
化学研究所 Inst. of Chemistry	291	268	6		17	323	300	13		10
地质与地球物理研究所 Inst. of Geology and Geophysics	290	166	10		114	207	131	10		66
自动化研究所 Inst. of Automation	286	266			20	294	280	4		10
上海硅酸盐研究所 Shanghai Inst. of Ceramics	278	254	14		10	192	174	14		4

续表 9-2

机构名称 Institution	申请量 Applied					授权量 Granted				
	合计 Total	发明 Invention	实用新型 Utility model	外观设计 Exterior design	国外 Overseas	合计 Total	发明 Invention	实用新型 Utility model	外观设计 Exterior design	国外 Overseas
广州能源研究所 Guangzhou Inst. of Energy Conversion	274	214	39		21	132	94	36	2	
青岛生物能源与过程研究所 Qingdao Inst. of Bioenergy and Bioprocess Technology	266	230	19	4	13	112	94	16	1	1
工程热物理研究所 Inst. of Engineering Thermophysics	265	198	64		3	167	81	80	1	5
电工研究所 Inst. of Electrical Engineering	244	236	8			190	161	24	5	
苏州纳米技术与纳米仿生研究所 Suzhou Inst. of Nano-tech and Nano-Bionics	241	201	30		10	163	129	24		10
苏州生物医学工程技术研究所 Suzhou Inst. of Biomedical Engineering and Technology	239	169	69		1	174	52	118	3	1
上海技术物理研究所 Shanghai Inst. of Technical Physics	219	151	64		4	120	46	74		
计算技术研究所 Inst. of Computing Technology	217	211	1		5	197	194			3
西北生态环境资源研究院 Northwest Inst. of Eco-Environment and Resources	197	123	67		7	85	42	39	1	3
光电技术研究所 Inst. of Optics and Electronics	190	186	4			123	123			
声学研究所 Inst. of Acoustics	188	162	4		22	242	225	14		3
重庆绿色智能技术研究院 Chongqing Inst. of Green and Intelligent Technology	182	146	31		5	78	39	39		

续表 9-2

机构名称 Institution	申请量 Applied					授权量 Granted				
	合计 Total	发明 Invention	实用新型 Utility model	外观设计 Exterior design	国外 Overseas	合计 Total	发明 Invention	实用新型 Utility model	外观设计 Exterior design	国外 Overseas
生态环境研究中心 Research Center for Eco-Environmental Sciences	179	143	30	2	4	124	89	33	2	
福建物质结构研究所 Fujian Inst. of Research on the Structure of Matter	174	162	5		7	156	137	18		1
武汉岩土力学研究所 Inst. of Rock and Soil Mechanics	161	146	15			162	91	70	1	
微小卫星创新研究院 Innovation Academy for Microsatellites	157	144	5		8	54	49	5		
物理研究所 Inst. of Physics	155	140	4		11	100	90	6		4
海洋研究所 Inst. of Oceanology	150	113	36		1	82	59	22		1
国家空间科学中心 National Space Science Center	147	147				54	54			
上海高等研究院 Shanghai Advanced Research Institute	144	126	18			127	118	9		
天津工业生物技术研究所 Tianjin Inst. of Industrial Biotechnology	144	125	1		18	60	53			7
力学研究所 Inst. of Mechanics	141	129	7		5	120	100	20		
地理科学与资源研究所 Inst. of Geographic Sciences and Natural Resources Research	140	94	46			176	70	104		2
山西煤炭化学研究所 Shanxi Inst. of Coal Chemistry	138	122	16			123	85	37		1
东北地理与农业生态研究所 Northeast Inst. of Geography and Agricultural Ecology	134	98	32		4	74	31	41		2

续表 9-2

机构名称 Institution	申请量 Applied					授权量 Granted				
	合计 Total	发明 Invention	实用新型 Utility model	外观设计 Exterior design	国外 Overseas	合计 Total	发明 Invention	实用新型 Utility model	外观设计 Exterior design	国外 Overseas
微生物研究所 Inst. of Microbiology	134	128	2		4	98	91	5		2
国家纳米科学中心 National Center for Nanoscience and Technology	112	105			7	130	127	2		1
近代物理研究所 Inst. of Modern Physics	112	101	10		1	65	51	14		
城市环境研究所 Inst. of Urban Environment	104	76	19		9	70	58	12		
青海盐湖研究所 Qinghai Inst. of Saline Lakes	104	82	12		10	39	37	2		
上海应用物理研究所 Shanghai Inst. of Applied Physics	101	80	21			88	70	18		
精密测量科学与技术创新研究院 Innovation Academy for Precision Measurement Science and Technology	98	77	18		3	59	46	9		4
上海有机化学研究所 Shanghai Inst. of Organic Chemistry	98	68	2		28	84	74	7		3
南海海洋研究所 South China Sea Inst. of Oceanology	96	82	12		2	93	82	8	2	1
南京土壤研究所 Nanjing Inst. of Soil Science	90	72	16		2	69	53	16		
计算机网络信息中心 Computer Network Information Center	87	81	1	3	2	20	20			
新疆理化技术研究所 Xinjiang Technical Inst. of Physics and Chemistry	84	78	3		3	47	39	4	1	3
高能物理研究所 Inst. of High Energy Physics	77	67	9	1		193	147	45	1	

续表 9-2

机构名称 Institution	申请量 Applied					授权量 Granted				
	合计 Total	发明 Invention	实用新型 Utility model	外观设计 Exterior design	国外 Overseas	合计 Total	发明 Invention	实用新型 Utility model	外观设计 Exterior design	国外 Overseas
分子植物科学卓越创新中心 CAS Center for Excellence in Molecular Plant Sciences	74	59	3		12	20	16	3		1
昆明植物研究所 Kunming Inst. of Botany	72	71	1			52	48	2		2
软件研究所 Inst. of Software	63	63				73	73			
国家授时中心 National Time Service Center	60	58	1	1		45	37	8		
昆明动物研究所 Kunming Inst. of Zoology	59	47	9		3	35	17	14	4	
华南植物园 South China Botanical Garden	54	40	11		3	41	31	6	1	3
空间应用工程与技术中心 Technology and Engineering Center for Space Utilization	54	51	3			28	24	4		
成都生物研究所 Chengdu Inst. of Biology	53	49	2	2		47	41	5	1	
西北高原生物研究所 Northwest Inst. of Plateau Biology	53	39	3	1	10	52	25	14	1	12
动物研究所 Inst. of Zoology	52	40	2		10	35	30	4		1
上海营养与健康研究所 Shanghai Inst. of Nutrition and Health	49	33			16	24	23	1		
中科院广州化学有限公司 CAS Guangzhou Chemistry Co., Ltd.	47	47				32	31	1		
水生生物研究所 Inst. of Hydrobiology	47	43	4			66	49	17		
脑科学与智能技术卓越创新中心 Center for Excellence in Brain Science and Intelligence Technology	46	22	1	2	21	1	1			

续表 9-2

机构名称 Institution	申请量 Applied					授权量 Granted				
	合计 Total	发明 Invention	实用新型 Utility model	外观设计 Exterior design	国外 Overseas	合计 Total	发明 Invention	实用新型 Utility model	外观设计 Exterior design	国外 Overseas
遗传与发育生物学研究所 Inst. of Genetics and Developmental Biology	46	34	4		8	87	58	22		7
北京纳米能源与系统研究所 Beijing Inst. of Nanoenergy and Nanosystems	44	37	7			65	52	5		8
分子细胞科学卓越创新中心 Center for Excellence in Molecular Cell Science	43	31	3		9	17	15	2		
南京地理与湖泊研究所 Nanjing Inst. of Geography and Limnology	43	37	6			79	48	31		
沈阳应用生态研究所 Shenyang Inst. of Applied Ecology	43	35	6		2	30	20	9		1
地球化学研究所 Inst. of Geochemistry	40	31	6		3	58	39	19		
烟台海岸带研究所 Yantai Inst. of Coastal Zone Research	40	35	5			76	60	16		
中国科学院大学 University of CAS	39	37	2			10	9	1		
国家天文台 National Astronomical Observatories of China	35	8	27			41	25	16		
广州地球化学研究所 Guangzhou Inst. of Geochemistry	34	24	7		3	31	24	6		1
广州生物医药与健康研究院 Guangzhou Institutes of Biomedicine and Health	34	25	2	2	5	28	22	2		4
成都山地灾害与环境研究所 Chengdu Inst. of Mountain Hazards and Environment	33	29	4			42	21	19		2

续表 9-2

机构名称 Institution	申请量 Applied					授权量 Granted				
	合计 Total	发明 Invention	实用新型 Utility model	外观设计 Exterior design	国外 Overseas	合计 Total	发明 Invention	实用新型 Utility model	外观设计 Exterior design	国外 Overseas
生物物理研究所 Inst. of Biophysics	33	31	2			28	25	1		2
新疆生态与地理研究所 Xinjiang Inst. of Ecology and Geography	30	26	4			16	5	9		2
亚热带农业生态研究所 Inst. of Subtropical Agriculture	30	29			1	22	19	2		1
农业资源研究中心 Center for Agricultural Resources Research，IGDB	26	14	11	1		27	5	22		
地球环境研究所 Inst. of Earth Environment	25	20	4		1	8	2	6		
植物研究所 Inst. of Botany	25	20	4		1	61	51	9	1	
深海科学与工程研究所 Inst. of Deep-sea Science and Engineering	24	19	5			5		5		
南京天文光学技术研究所 Nanjing Inst. of Astronomical Optics & Technology, National Astronomical Observatories	22	20			2	17	17			
沈阳计算技术研究所有限公司 CAS Shenyang Inst. of Computing Technology Co., Ltd.	22	21	1			12	9	2	1	
心理研究所 Inst. of Psychology	22	14	6	2		25	4	18	3	
武汉植物园 Wuhan Botanical Garden	21	20	1			14	13	1		
新疆天文台 Xinjiang Astronomical Observatory	21	16	1	4		15	13	2		

续表 9-2

机构名称 Institution	申请量 Applied					授权量 Granted				
	合计 Total	发明 Invention	实用新型 Utility model	外观设计 Exterior design	国外 Overseas	合计 Total	发明 Invention	实用新型 Utility model	外观设计 Exterior design	国外 Overseas
成都信息技术股份有限公司 Chengdu Information Technology Co., Ltd.	20	14	4	2		15	6	4	5	
大气物理研究所 Inst. of Atmospheric Physics	19	11	2		6	38	15	17		6
沈阳科学仪器股份有限公司 CAS Shenyang Scientific Instrument Development Co., Ltd.	19	19				2	2			
紫金山天文台 Purple Mountain Observatory	18	11	2		5	20	20			
成都有机化学有限公司 Chengdu Organic Chemistry Co., Ltd.	14	14				12	12			
赣江创新研究院 Ganjiang Innovation Academy	14	14								
武汉病毒研究所 Wuhan Inst. of Virology	13	10			3	19	10	9		
南京天文仪器有限公司 CAS Nanjing Astronomical Instruments Co., Ltd.	12	9	3			3	2	1		
上海天文台 Shanghai Astronomical Observatory	11	11				9	5	2		2
中科院广州电子技术有限公司 Guangzhou Electronic Technology Co., Ltd., CAS	10	4	6			4	3	1		
成都中科唯实仪器有限责任公司 CAS Chengdu Wish Instrument Co., Ltd.	9	2	6	1		1	1			

续表 9-2

机构名称 Institution	申请量 Applied					授权量 Granted				
	合计 Total	发明 Invention	实用新型 Utility model	外观设计 Exterior design	国外 Overseas	合计 Total	发明 Invention	实用新型 Utility model	外观设计 Exterior design	国外 Overseas
西双版纳热带植物园 Xishuangbanna Tropical Botanical Garden	9	7	1		1	6	5			1
云南天文台 YunNan Astronomical Observatory	9	9				10	8	2		
北京中科科仪股份有限公司 KYKY Technology Co.,Ltd	8	4	4			4		4		
上海巴斯德研究所 Institut Pasteur of Shanghai	6	6				2	2			
数学与系统科学研究院 Academy of Mathematics and Systems Science	6	6				7	7			
北京基因组研究所(国家生物信息中心) Beijing Inst. of Genomics / (China National Center for Bioinformation)	5	5				4	3			1
长春人造卫星观测站 Changchun Observatory, National Astronomical Observatories	3	3				5	1	4		
北京中科院软件中心有限公司 Software Engineering Center,Chinese Academy of Sciences	2	2								
南京地质古生物研究所 Nanjing Inst. of Geology and Palaeontology	2	2								
建筑设计研究院有限公司 Inst. of Architecture Design and Research	1		1			6		6		
青藏高原研究所 Institute of Tibetan Plateau Research	1	1				4	1	3		
自然科学史研究所 Institute for the History of Natural Sciences	1		1							

9-3 科技论文的发表及被引用情况

S&T Publications and Citations

年份 Year	被国际上收录（篇）Catalogued by major international indexes (article)		SCI 论文被引用 Cited internationally		国内刊物发表（篇）Publications in domestic journals (article)
		SCIE 论文 Catalogued by SCIE (article)	篇 (article)	次 (time)	
1988	2212	1713			5458
1989	1740	1270			6099
1990	2097	1611	1568		6430
1991	2304	1690	1217	2440	6671
1992	2642	1724	1943	3898	7170
1993	3539	1877	2284	4393	6754
1994	4064	1993	2318	4286	7038
1995	4614	2276	2615	5033	7424
1996	4219	2224	2943	5727	7813
1997	5500	2926	3436	6724	8175
1998	5478	3277	3815	7534	8593
1999	8249	5376	4250	8582	9526
2000	9186	6063	5219	11046	10299
2001	10165	6725	6135	13658	11022
2002	11740	7611	7756	17624	11181
2003	14516	8632	9772	24746	12169
2004	15738	9500	9860	24746	12790
2005	22257	11952	15053	41934	13826
2006	23589	12392	17620	51926	14654
2007	24045	12423	19853	62007	13872
2008	26569	13761	23284	78600	13673
2009	26104	14202	24995	96405	13395
2010	30586	15655	25604	81489	12846
2011	29440	16550	29456	113802	10774
2012	30750	18357	35171	134453	12164
2013	37238	21094	117423	1684302	12354
2014	38119	21864	154853	2058555	11332
2015	42505	23996	168347	2367436	10574

续表 9-3

年份 Year	被国际上收录（篇） Catalogued by major international indexes (article)	SCIE 论文 Catalogued by SCIE (article)	SCI 论文被引用 Cited internationally 篇 (article)	次 (time)	国内刊物发表（篇） Publications in domestic journals (article)
2016	36788	16383	176630	2749346	9701
2017	43757	25132	192634	3269334	10573
2018	45431	26405	204788	3932139	9593
2019	47689	27580	197141	4259184	9174

资料来源：中国科技信息研究所信息分析研究中心（表 9-3，表 9-4）。

Source: Center for Information Analysis, Institute of S&T Information of China (Table 9-3 and Table 9-4).

注：1. 被国际收录的论文数据采集自美国的三种在国际上颇有影响的检索工具，即科学引文索引、工程索引和科学技术会议索引，国内论文数据直接取自选作统计源的国内科技期刊（2019 年为 47689 种）。

Note: Data in “Papers catalogued by major international indexes” are from SCI, EI and CPCI-S, and data in “Publications in domestic journals” are selected directly from domestic S&T journals (47,689 journals in 2019) which are taken as the source.

2. 2012 年度及以前年度的 SCI 论文被引用数据是指 SCI 引文数据库前 5 年收录的论文在第 6 年被引用的统计。另，自 2013 年度起，SCI 论文被引用数据是指 SCI 引文数据库在前 10 年被收录的论文在当年被引用的统计。如，2019 年度 SCI 论文被引用数据是指 SCI 引文数据库 2009～2018 年被收录的论文在 2019 年被引用的统计。

Until 2012, citation in the sixth year of papers quoted during the previous five years. From 2013, citation in the eleventh year of papers quoted during the previous ten years. For instance, citation in 2019 of papers quoted in 2009-2018.

3. 自 1999 年，此表 SCI 论文检索数据源由光盘版改为扩展版 SCIE。

Since 1999, SCI data in the table came from the network of SCIE instead of the light disk.

9-4 科技论文的发表及被引用情况（2019 年）

S&T Publications and Citations: 2019

	被国际上收录（篇）Catalogued by major international indexes (article)	SCIE 论文 Catalogued by SCIE (article)	SCI 论文被引用 Cited internationally 篇 (article)	次 (time)	国内刊物发表（篇）Publications in domestic journals (article)
总计 Total	**47689**	**27580**	**197141**	**4259184**	**9174**
一、院直属事业单位 Institution					
北京市、天津市、山西省 Beijing, Tianjin and Shanxi Province	16096	9084	66737	1465143	3316
沈阳分院 Shenyang Branch	3787	2232	17103	415096	783
长春分院 Changchun Branch	2192	1212	10074	311568	394
上海分院 Shanghai Branch	5877	3460	26814	622555	856
南京分院 Nanjing Branch	1387	947	6133	123638	314
合肥物质科学研究院 Hefei Institutes of Physical Sciences	1694	814	5730	98840	324
武汉分院 Wuhan Branch	1295	853	5873	86555	264
广州分院 Guangzhou Branch	2597	1630	10445	201939	415
成都分院 Chengdu Branch	710	515	3370	46871	253
昆明分院 Kunming Branch	907	733	5391	87045	192
西安分院 Xi’an Branch	714	351	2020	33801	137
兰州分院 Lanzhou Branch	1299	775	7256	135534	259
新疆分院 Xinjiang Branch	523	401	2502	37865	147
中国科学院本部 CAS Headquarters					
二、学校及公共支撑单位 Universities and Public Supporting Institute	8169	4357	26220	560545	1477
三、与中国科学院共建单位 With the Chinese Academy of Sciences Build Units Institute	442	216	1473	32189	43

9-5 科技论文在国内重要期刊上发表及被引用情况

S&T Papers Published and Cited by Major Domestic Journals

年份 Year	国内期刊发表数（篇） Papers published in domestic journals (article)	其中： NSFC 基金论文数（篇） of which: NSFC papers (article)	在国内被引用 Cited domestically 篇 (article)	在国内被引用 Cited domestically 次 (time)
1990	4738	1215		
1991	4780	1342		
1992	5025	1570		
1993	4826	1611		
1994	4931	1783	2164	2968
1995	5092	1848	2309	3141
1996	6592	2331	2989	3911
1997	7261	2680	3455	4701
1998	7291	4016	3998	5316
1999	8301	3353	5466	8028
2000	9356	3585	6752	10188
2001	9688	4350	7034	11047
2002	9773	4570	8546	13716
2003	10588	4770	9414	15678
2004	11112	5047	11378	19928
2005	11670	5728	12606	22567
2006	11336	5561	13809	25060
2007	11195	5654	13698	25696
2008	11219	5592	14313	26321
2009	11006	5382	16271	29725
2010	10445	5302	16189	29261
2011	12000	6331	19369	36727
2012	11752	6625	19238	36037
2013	10639	6194	19169	35954
2014	10272	6085	19237	36301
2015	11294	7179	19717	36986

续表 9-5

年份 Year	国内期刊发表数（篇） Papers published in domestic journals (article)	其中：NSFC 基金论文数（篇） of which: NSFC papers (article)	在国内被引用 Cited domestically	
			篇 (article)	次 (time)
2016	10678	6840	19233	36377
2017	10485	6850	18670	36581
2018	10362	6767	18352	36893
2019	10097	6483	17897	36262

资料来源：中国科学引文数据库。

Source: Chinese Science Citation Database.

注：中国科学引文数据库的数据来源于国内较重要的 1229 种（1989～1995 年为 315 种）中英文期刊。NSFC 基金论文数是指受国家自然科学基金资助的论文数。在国内被引用情况是指中国科学引文数据库前 5 年收录的论文在第 6 年被引用的统计，例如，2019 年国内被引情况是指 2014～2018 年被收录的论文在 2019 年被引用的情况，2018 年国内被引情况是指 2013～2017 年被收录的论文在 2018 年被引用的情况。其他年份依次类推。

Note: Data in Chinese Science Citation Database are from 1,229 major domestic S&T journals in Chinese and English (315 major domestic S&T journals in 1989-1995). Data of NSFC papers refer to the number of papers which are published on the basis of research projects supported by the National Natural Science Foundation of China. Domestic citation refers to the citation of papers quoted by Chinese Science Citation Database over the previous five years. For instance, the citation in 2019 of papers quoted in 2014-2018,the citation in 2018 of papers quoted in 2013-2017. The papers citation for the rest of the years is on this analogy.

9-6 科技论文在国内重要期刊上被引次数最多的前 30 名机构（2019 年）

Top 30 Institutions in Citation of S&T Papers by Major Domestic Journals: 2019

机构名称 Institution	在国内被引用 Cited domestically	
	篇 (article)	次 (time)
地理科学与资源研究所 Inst. of Geographic Sciences and Natural Resources Research	1504	5145
中国科学技术大学 University of Science and Technology of China	884	1321
长春光学精密机械与物理研究所 Changchun Inst. of Optics, Fine Mechanics and Physics	638	1021
生态环境研究中心 Research Center of Eco-Environmental Sciences	567	1419
中国科学院大学 University of CAS	526	879
地质与地球物理研究所 Inst. of Geology and Geophysics	478	1075
寒区旱区环境与工程研究所 Cold and Arid Regions Environmental and Engineering Research Inst.	465	954
大气物理研究所 Inst. of Atmospheric Physics	447	871
新疆生态与地理研究所 Xinjiang Inst. of Ecology and Geography	421	853
中国科学院水利部水土保持研究所 Inst. of Soil and Water Conservation ,CAS & MWR	404	950
合肥物质科学研究院 Hefei Inst. of Physical Science	400	617
遥感与数字地球研究所 Inst. Remote Sensing and Digital Earth	375	813
南京土壤研究所 Nanjing Inst. of Soil Science	339	901
金属研究所 Inst. of Metal Research	320	579
成都山地灾害与环境研究所 Inst. of Mountain Hazards and Environment	313	565
南京地理与湖泊研究所 Nanjing Inst. of Geography and Limnology	309	820
海洋研究所 Inst. of Oceanology	283	481

续表 9-6

机构名称 Institution	在国内被引用 Cited domestically	
	篇 (article)	次 (time)
武汉岩土力学研究所 Wuhan Inst. of Rock and Soil Mechanics	283	594
西北生态环境资源研究院 Northwest Inst. of Eco-Environment and Resources	266	566
沈阳应用生态研究所 Shenyang Inst. of Applied Ecology	254	584
广州地球化学研究所 Guangzhou Inst. of Geochemistry	250	478
东北地理与农业生态研究所 Northeast Inst. of Geography and Agriculture Ecology	212	478
上海光学精密机械研究所 Shanghai Inst. of Optics and Fine Mechanics	208	304
植物研究所 Inst. of Botany	207	601
贵阳地球化学研究所 Guiyang Inst. of Geochemistry	202	392
电工研究所 Inst. of Electrical Engineering	196	476
亚热带农业生态研究所 Inst. of Subtropical Agriculture Ecology	195	517
南海海洋研究所 South China Sea Inst. of Oceanology	177	278
声学研究所 Ins. of Acoustics	176	281
大连化学物理研究所 Dalian Inst.of Chemical Physics	170	256

资料来源：中国科学引文数据库。

Source: Chinese Science Citation Database.

注：国内被引情况是指 2014～2018 年被中国科学引文数据库收录的论文在 2019 年被引用的情况。

Note: Domestic citation refers to citation in 2019 of papers quoted by Chinese Science Citation Database in 2014-2018.

9-7 获国家自然科学奖情况

S&T Achievements Granted with National Natural Science Awards

年份 Year	项目 Item	获奖总项数 Total	一等奖 1st class	二等奖 2nd class	三等奖 3rd class	四等奖 4th class
1956（第一届）	全国授奖项数 National total	34	3	5	26	
	中国科学院获奖数 Awards won by CAS	23	3	2	18	
1982（第二届）	全国授奖项数 National total	125	9	40	49	27
	中国科学院获奖数 Awards won by CAS	47	2	23	17	5
1987（第三届）	全国授奖项数 National total	178	11	39	87	41
	中国科学院获奖数 Awards won by CAS	72	7	17	33	15
1989（第四届）	全国授奖项数 National total	59	2	19	23	15
	中国科学院获奖数 Awards won by CAS	32	2	11	14	5
1991（第五届）	全国授奖项数 National total	53		10	31	12
	中国科学院获奖数 Awards won by CAS	16		5	11	
1993（第六届）	全国授奖项数 National total	52	1	18	21	12
	中国科学院获奖数 Awards won by CAS	20	1	11	6	2
1995（第七届）	全国授奖项数 National total	57		15	27	15
	中国科学院获奖数 Awards won by CAS	25		10	11	4
1997（第八届）	全国授奖项数 National total	51	1	8	30	12
	中国科学院获奖数 Awards won by CAS	20	1	5	12	2
1999（第九届）	全国授奖项数 National total	57		10	31	16
	中国科学院获奖数 Awards won by CAS	21		7	11	3

续表 9-7

年份 Year	项目 Item	获奖总项数 Total	一等奖 1st class	二等奖 2nd class	三等奖 3rd class	四等奖 4th class
2000 （第十届）	全国授奖项数 National total	15		15		
	中国科学院获奖数 Awards won by CAS	6		6		
2001 （第十一届）	全国授奖项数 National total	18		18		
	中国科学院获奖数 Awards won by CAS	8		8		
2002 （第十二届）	全国授奖项数 National total	24	1	23		
	中国科学院获奖数 Awards won by CAS	12	1	11		
2003 （第十三届）	全国授奖项数 National total	19	1	18		
	中国科学院获奖数 Awards won by CAS	6	1	5		
2004 （第十四届）	全国授奖项数 National total	28		28		
	中国科学院获奖数 Awards won by CAS	10		10		
2005 （第十五届）	全国授奖项数 National total	38		38		
	中国科学院获奖数 Awards won by CAS	17		17		
2006 （第十六届）	全国授奖项数 National total	29	2	27		
	中国科学院获奖数 Awards won by CAS	12		12		
2007 （第十七届）	全国授奖项数 National total	39		39		
	中国科学院获奖数 Awards won by CAS	13		13		
2008 （第十八届）	全国授奖项数 National total	34		34		
	中国科学院获奖数 Awards won by CAS	17		17		
2009 （第十九届）	全国授奖项数 National total	28	1	27		
	中国科学院获奖数 Awards won by CAS	13	1	12		
2010 （第二十届）	全国授奖项数 National total	30		30		
	中国科学院获奖数 Awards won by CAS	10		10		

年份 Year	项目 Item	获奖总项数 Total	一等奖 1st class	二等奖 2nd class	三等奖 3rd class	四等奖 4th class
2011 （第二十一届）	全国授奖项数 National total	36		36		
	中国科学院获奖数 Awards won by CAS	13		13		
2012 （第二十二届）	全国授奖项数 National total	41		41		
	中国科学院获奖数 Awards won by CAS	18		18		
2013 （第二十三届）	全国授奖项数 National total	54	1	53		
	中国科学院获奖数 Awards won by CAS	17	1	16		
2014 （第二十四届）	全国授奖项数 National total	46	1	45		
	中国科学院获奖数 Awards won by CAS	20		20		
2015 （第二十五届）	全国授奖项数 National total	42	1	41		
	中国科学院获奖数 Awards won by CAS	10	1	9		
2016 （第二十六届）	全国授奖项数 National total	42	1	41		
	中国科学院获奖数 Awards won by CAS	13	1	12		
2017 （第二十七届）	全国授奖项数 National total	35	2	33		
	中国科学院获奖数 Awards won by CAS	12	1	11		
2018 （第二十八届）	全国授奖项数 National total	38	1	37		
	中国科学院获奖数 Awards won by CAS	9		9		
2019 （第二十九届）	全国授奖项数 National total	46	1	45		
	中国科学院获奖数 Awards won by CAS	11		11		

注：表中中国科学院获奖数是院直属单位为第一完成单位的获奖数。自 2000 年始，国家自然科学奖只设一等奖、二等奖。2003 年增设特等奖。

Note: In the table, the number of awards won by CAS indicates the number of awards won by the CAS institution who is the first unit for the achievement. Since 2000, National Natural Science Awards only has had 1st and 2nd class Awards. Since 2003, Special Class Award of Natural Science Awards has been added.

9-8 获国家技术发明奖情况

S&T Achievements Granted with National Technology Invention Awards

年份 Year	项目 Item	获奖总项数 Total	一等奖 1st class	二等奖 2nd class	三等奖 3rd class	四等奖 4th class
1979	全国授奖项数 National total	43	1	12	24	6
	中国科学院获奖数 Awards won by CAS	12	1	3	7	1
1980	全国授奖项数 National total	109		13	75	21
	中国科学院获奖数 Awards won by CAS	22		4	17	1
1981	全国授奖项数 National total	123	3	10	56	54
	中国科学院获奖数 Awards won by CAS	6			3	3
1982	全国授奖项数 National total	153	4	17	68	64
	中国科学院获奖数 Awards won by CAS	9			4	5
1983	全国授奖项数 National total	212	5	18	108	81
	中国科学院获奖数 Awards won by CAS	11		2	8	1
1984	全国授奖项数 National total	264	7	25	125	107
	中国科学院获奖数 Awards won by CAS	15	1	3	8	3
1985	全国授奖项数 National total	185	6	18	92	69
	中国科学院获奖数 Awards won by CAS	6			4	2
1986	全国授奖项数 National total	30		3	12	15
	中国科学院获奖数 Awards won by CAS					
1987	全国授奖项数 National total	225	1	24	96	104
	中国科学院获奖数 Awards won by CAS	12		1	9	2
1988	全国授奖项数 National total	217	4	20	97	96
	中国科学院获奖数 Awards won by CAS	12	1	2	6	3

续表 9-8

年份 Year	项目 Item	获奖总项数 Total	一等奖 1st class	二等奖 2nd class	三等奖 3rd class	四等奖 4th class
1989	全国授奖项数 National total	150		14	67	69
	中国科学院获奖数 Awards won by CAS	4			3	1
1990	全国授奖项数 National total	224	3	15	113	93
	中国科学院获奖数 Awards won by CAS	5			4	1
1991	全国授奖项数 National total	209	1	12	92	104
	中国科学院获奖数 Awards won by CAS	7	1	1	4	1
1992	全国授奖项数 National total	170		10	68	92
	中国科学院获奖数 Awards won by CAS	5		1	1	3
1993	全国授奖项数 National total	175		16	74	85
	中国科学院获奖数 Awards won by CAS	5		2	3	
1995	全国授奖项数 National total	131	1	12	59	59
	中国科学院获奖数 Awards won by CAS	4		1	3	
1996	全国授奖项数 National total	111	1	8	56	46
	中国科学院获奖数 Awards won by CAS	9		1	6	2
1997	全国授奖项数 National total	100	1	13	46	40
	中国科学院获奖数 Awards won by CAS					
1998	全国授奖项数 National total	72		10	30	32
	中国科学院获奖数 Awards won by CAS	4		1	1	2
1999	全国授奖项数 National total	69		13	38	18
	中国科学院获奖数 Awards won by CAS	7		2	4	1

续表 9-8

年份 Year	项目 Item	获奖总项数 Total	一等奖 1st class	二等奖 2nd class	三等奖 3rd class	四等奖 4th class
2000	全国授奖项数 National total	23		23		
	中国科学院获奖数 Awards won by CAS	2		2		
2001	全国授奖项数 National total	14		14		
	中国科学院获奖数 Awards won by CAS	1		1		
2002	全国授奖项数 National total	21		21		
	中国科学院获奖数 Awards won by CAS	1		1		
2003	全国授奖项数 National total	19		19		
	中国科学院获奖数 Awards won by CAS	1		1		
2004	全国授奖项数 National total	28	2	26		
	中国科学院获奖数 Awards won by CAS	1		1		
2005	全国授奖项数 National total	40	1	39		
	中国科学院获奖数 Awards won by CAS	8		8		
2006	全国授奖项数 National total	56	1	55		
	中国科学院获奖数 Awards won by CAS	5		5		
2007	全国授奖项数 National total	51	1	50		
	中国科学院获奖数 Awards won by CAS	3		3		
2008	全国授奖项数 National total	55	3	52		
	中国科学院获奖数 Awards won by CAS	3		3		
2009	全国授奖项数 National total	55	2	53		
	中国科学院获奖数 Awards won by CAS	2		2		

续表 9-8

年份 Year	项目 Item	获奖总项数 Total	一等奖 1st class	二等奖 2nd class	三等奖 3rd class	四等奖 4th class
2010	全国授奖项数 National total	46	2	44		
	中国科学院获奖数 Awards won by CAS	2		2		
2011	全国授奖项数 National total	55	2	53		
	中国科学院获奖数 Awards won by CAS	6		6		
2012	全国授奖项数 National total	77	3	74		
	中国科学院获奖数 Awards won by CAS	7		7		
2013	全国授奖项数 National total	71	2	69		
	中国科学院获奖数 Awards won by CAS	12		12		
2014	全国授奖项数 National total	70	3	67		
	中国科学院获奖数 Awards won by CAS	5	1	4		
2015	全国授奖项数 National total	66	1	65		
	中国科学院获奖数 Awards won by CAS	3		3		
2016	全国授奖项数 National total	66	3	63		
	中国科学院获奖数 Awards won by CAS	4	1	3		
2017	全国授奖项数 National total	66	4	62		
	中国科学院获奖数 Awards won by CAS	12	1	11		
2018	全国授奖项数 National total	67	4	63		
	中国科学院获奖数 Awards won by CAS	8		8		
2019	全国授奖项数 National total	65	3	62		
	中国科学院获奖数 Awards won by CAS	6	1	5		

注：1. 1994 年国家技术发明奖停评一年。
Note: The evaluation of achievements for National Technology Invention Awards was suspended in 1994 for one year.

2. 表中中国科学院获奖数是院直属单位为第一完成单位的获奖数。自 2000 年始，国家技术发明奖只设一等奖、二等奖。2003 年增设特等奖。
In the table,the number of awards won by CAS indicates the number of awards won by the CAS institution who is the first unit for the achievement. Since 2000, National Technology Invention Awards only has had 1st and 2nd class Awards. Since 2003, the Special Class Award of National Technology Invention Awards has been established.

9-9 获国家科技进步奖情况

S&T Achievements Granted with National S&T Progress Awards

年份 Year	项目 Item	获奖总项数 Total	特等奖 Special class	一等奖 1st class	其中：创新团队 Of which: innovation team	二等奖 2nd class	三等奖 3rd class
1985	全国授奖项数 National total	1761	23	135		535	1068
	中国科学院获奖数 Awards won by CAS	73	2	8		28	35
1987	全国授奖项数 National total	807	4	50		237	516
	中国科学院获奖数 Awards won by CAS	36		1		13	22
1988	全国授奖项数 National total	515	3	34		151	327
	中国科学院获奖数 Awards won by CAS	29		4		11	14
1989	全国授奖项数 National total	504	3	36		152	313
	中国科学院获奖数 Awards won by CAS	26		1		9	16
1990	全国授奖项数 National total	505	3	32		142	328
	中国科学院获奖数 Awards won by CAS	17	1	3		5	8
1991	全国授奖项数 National total	502	1	32		140	329
	中国科学院获奖数 Awards won by CAS	28		1		11	16
1992	全国授奖项数 National total	649	3	38		195	413
	中国科学院获奖数 Awards won by CAS	40		4		14	22
1993	全国授奖项数 National total	441	2	27		122	290
	中国科学院获奖数 Awards won by CAS	22		3		10	9
1995	全国授奖项数 National total	607	2	25		182	398
	中国科学院获奖数 Awards won by CAS	44		2		13	29
1996	全国授奖项数 National total	536	4	20		169	343
	中国科学院获奖数 Awards won by CAS	31				8	23
1997	全国授奖项数 National total	475	3	19		150	303
	中国科学院获奖数 Awards won by CAS	21		1		10	10

年份 Year	项目 Item	获奖总项数 Total	特等奖 Special class	一等奖 1st class	其中：创新团队 Of which: innovation team	二等奖 2nd class	三等奖 3rd class
1998	全国授奖项数 National total	471	3	22		133	313
	中国科学院获奖数 Awards won by CAS	24		2		6	16
1999	全国授奖项数 National total	476	2	17		143	314
	中国科学院获奖数 Awards won by CAS	20				6	14
2000	全国授奖项数 National total	250		22		228	
	中国科学院获奖数 Awards won by CAS	9				9	
2001	全国授奖项数 National total	191		17		174	
	中国科学院获奖数 Awards won by CAS	7		1		6	
2002	全国授奖项数 National total	218		18		200	
	中国科学院获奖数 Awards won by CAS	14				14	
2003	全国授奖项数 National total	216	1	16		199	
	中国科学院获奖数 Awards won by CAS	9				9	
2004	全国授奖项数 National total	244		16		228	
	中国科学院获奖数 Awards won by CAS	14		1		13	
2005	全国授奖项数 National total	236		18		218	
	中国科学院获奖数 Awards won by CAS	18				18	
2006	全国授奖项数 National total	241	1	20		220	
	中国科学院获奖数 Awards won by CAS	13		2		11	
2007	全国授奖项数 National total	254		19		235	
	中国科学院获奖数 Awards won by CAS	14				14	
2008	全国授奖项数 National total	254	3	26		225	
	中国科学院获奖数 Awards won by CAS	14		1		13	
2009	全国授奖项数 National total	282	3	17		262	
	中国科学院获奖数 Awards won by CAS	14				14	

年份 Year	项目 Item	获奖总项数 Total	特等奖 Special class	一等奖 1st class	其中：创新团队 Of which: innovation team	二等奖 2nd class	三等奖 3rd class
2010	全国授奖项数 National total	273	3	31		239	
	中国科学院获奖数 Awards won by CAS	12		1		11	
2011	全国授奖项数 National total	283	1	20		262	
	中国科学院获奖数 Awards won by CAS	12				12	
2012	全国授奖项数 National total	212	3	22	3	187	
	中国科学院获奖数 Awards won by CAS	5		1		4	
2013	全国授奖项数 National total	188	3	24	3	161	
	中国科学院获奖数 Awards won by CAS	8		2	1	6	
2014	全国授奖项数 National total	202	3	26	3	173	
	中国科学院获奖数 Awards won by CAS	7				7	
2015	全国授奖项数 National total	187	3	17	3	167	
	中国科学院获奖数 Awards won by CAS	5		1		4	
2016	全国授奖项数 National total	171	2	20	3	149	
	中国科学院获奖数 Awards won by CAS	6		1		5	
2017	全国授奖项数 National total	170	3	21	3	146	
	中国科学院获奖数 Awards won by CAS	5		1	1	4	
2018	全国授奖项数 National total	173	2	23	3	148	
	中国科学院获奖数 Awards won by CAS	5		1		4	
2019	全国授奖项数 National total	185	3	22	1	160	
	中国科学院获奖数 Awards won by CAS	9		2		7	

注：1. 国家科技进步奖 1986 年、1994 年停评。

Note: The evaluation of achievements for National S&T Progress Awards was suspended in 1986 and 1994 respectively.

2. 表中中国科学院获奖数是院直属单位为第一完成单位的获奖数。自 2000 年始，国家科技进步奖设一等奖、二等奖。2003 年增设特等奖。2012 年在国家科技进步奖中增设创新团队。

In the table, the number of awards won by CAS indicates the number of awards won by the CAS institution who is the first unit for the achievement. Since 2000, National S&T Progress Awards has had only 1st and 2nd class Awards. Since 2003, the Special Class Award of National S&T Progress Awards has been established.Since 2012, the Innovation Team Award of Nation S&T Progress Awards has been established.

9-10 获国家科学技术奖情况（2019 年）

S&T Achievements Granted with National S&T Awards: 2019

	合计 Total	一等奖 1st class	二等奖 2nd class
总计 **Total**	**26**	**3**	**23**
一、国家最高科学技术奖（人） State Supreme S&T Award (person)	1		
二、国家自然科学奖（项） National Natural Science Award (item)	11		11
化学研究所 Inst. of Chemistry			1
上海有机化学研究所 Shanghai Inst. of Organic Chemistry			1
生态环境研究中心 Research Center for Eco-Environmental Sciences			1
地质与地球物理研究所 Inst. of Geology and Geophysics			1
地理科学与资源研究所 Inst. of Geographic Sciences and Natural Resources Research			1
动物研究所 Inst. of Zoology			1
遗传与发育生物学研究所 Inst. of Genetics and Developmental Biology			1
生物物理研究所 Inst. of Biophysics			1
中国科学技术大学 University of Science and Technology of China			1
计算技术研究所 Inst. of Computing Technology			1
物理研究所 Inst. of Physics			1
三、国家技术发明奖（项） National Technology Invention Award (item)	6	1	5
上海技术物理研究所 Shanghai Inst. of Technical Physics		1	
海洋研究所 Inst. of Oceanology			1
过程工程研究所 Inst. of Process Engineering			1
中国科学技术大学 University of Science and Technology of China			1

续表 9-10

	合计 Total	一等奖 1st class	二等奖 2nd class
电子学研究所 Inst. of Electronics			1
光电技术研究所 Inst. of Optics and Electronics			1
四、国家科技进步奖（项） National S&T Progress Award (item)	9	2	7
半导体研究所 Inst. of Semiconductors		1	
电子学研究所 Inst. of Electronics		1	
长春光学精密机械与物理研究所 Changchun Inst. of Optics，Fine Mechanics and Physics			2
沈阳应用生态研究所 Shenyang Inst. of Applied Ecology			1
兰州化学物理研究所 Lanzhou Inst. of Chemical Physics			1
合肥物质科学研究院 Hefei Institutes of Physical Sciences			1
生态环境研究中心 Research Center for Eco-Environmental Sciences			1
地质与地球物理研究所 Inst. of Geology and Geophysics			1

注：1. 国家最高科学技术奖每年只奖励 2 人。
Note: State Supreme S&T Award is only given to 2 persons every year.

2. 总计中不包括国家最高科学技术奖。
The total number excludes the State Supreme S&T Award.

3. 表中，中国科学院获奖数是院直属单位为第一完成单位的获奖数。
In the table, the number of awards won by CAS indicates the number of awards won by the CAS institution who is the first unit for the achievement.

十、院、所投资企业开发经营活动

BUSINESS ACTIVITIES OF CAS AND ITS INSTITUTION INVESTED ENTERPRISES

10-1 院、所投资企业总体情况

Statistical Indices of CAS and Its Institution Invested Enterprises

单位：万元 （ten thousand yuan）

项目 Items	2015 年	2016 年	2017 年	2018 年	2019 年	2020 年
资产总额 Total assets	44144424	47744334	51445817	76462809	85989111	93526708
流动资产 Current assets	25899815	26711412	28323330	39045776	43471970	49345072
负债总额 Total liabilities	30285426	32187378	34004777	57448537	64839250	69852074
所有者权益 Total owners'equity	11374358	12917272	13800845	14961261	16653801	19368605
营业收入 Operating income	37238065	37930916	40176015	45627364	49630703	53631261
营业成本 Cost of sales	30976065	31478606	33556708	38327055	41385334	44061498
费用总额 Total fees	5846207	5985075	6684463	6971113	8170073	7647663
利润总额 Total profit	803002	1623938	1681839	1557566	1519876	1919875
上缴税金总额 Total tax paid	895847	1609264	1984611	2188545	950810	1419494
利税总额 Total profit and tax	1681945	2914699	3330061	3471239	2138193	3373326
创汇额（万美元） Foreign exchange income (ten thousand US dollars)	498962					
R&D 投入 R&D investment	1150348	1114451	1239937	1332001	1530653	1881901
上缴院所利润 Profit turned over to CAS and institutes	39997	45276	102299	82175	34888	48363
上缴院所费用 Fees turned over to CAS and institutes	1267	1423	1241	4331	4163	4798
在职职工总数（人） Total number of regular staff	160462	160791	171420	196642	195554	211567
统计企业数（个） Number of enterprises	766	828	873	944	1046	1428

注：各项统计指标均以企业法人为单位进行统计。
Note: The statistical indices here are calculated by taking enterprises corporate as the legal bodies.

10-2 院、所投资企业按在职职工总数分组（2020 年）

CAS and Its Institution Invested Enterprises, by Number of Staff: 2020

	合计 Total	1～10 人 1-10 persons	11～50 人 11-50 persons	51～100 人 51-100 persons	101～200 人 101-200 persons	201～300 人 201-300 persons	>301 人 >301 persons
企业数（个） Number of enterprises	1428	732	408	122	78	25	63
(%)	100	51.26	28.57	8.54	5.46	1.75	4.41
人数（人） Number of people	211567	2548	10286	8767	10865	6223	172878
(%)	100	1.20	4.86	4.14	5.14	2.94	81.71

注：未提供人数的企业归入 1～10 人范围。

Note: The number of people of the enterprises which do not provide data is assumed as less than 10.

10-3 院、所投资企业按营业收入分组（2020 年）

CAS and Its Institution Invested Enterprises, by Operating Income: 2020

单位：万元 （ten thousand yuan）

	合计 Total	<100	100～<500	500～<1000	1000～<5000	5000～<10000	>10000
企业数（个） Number of enterprises	856	349	144	65	132	58	108
(%)	100	40.77	16.82	7.59	15.42	6.78	12.62
营业收入（万元） Operating income	53631261	4607	37711	47161	317733	409491	52814558
(%)	100	0.01	0.07	0.09	0.59	0.76	98.48

注：表 10-3、表 10-4、 表 10-7 中企业数（个）按集团合并报表口径进行统计。

Note: The number of enterprises in Table 10-3, Table 10-4 and Table 10-7 are calculated by taking the number of CAS invested group corporations statistical statement.

10-4 院、所投资企业按年利润总额分组（2020 年）

CAS and Its Institution Invested Enterprises, by Annual Profit: 2020

单位：万元 （ten thousand yuan）

	合计 Total	0 以下	<100	100～<500	500～<1000	1000～<5000	5000～<10000	>10000
企业数（个） Number of enterprises	856	436	210	77	33	61	17	22
(%)	100	50.93	24.53	9.00	3.86	7.13	1.99	2.57
利润总额（万元） Total profit	1919875	−470005	4984	19112	22902	149539	122539	2070804
(%)	100	−24.48	0.26	1.00	1.19	7.79	6.38	107.86

10-5 营业收入排序前 30 名的院、所投资企业（2020 年）

Top 30 CAS and Its Institution Invested Enterprises in Business Income: 2020

单位：万元 （ten thousand yuan）

序号 No.	企业名称 Name of enterprises	营业收入 Operating income
1	联想控股股份有限公司 Legend Holdings Corporation	41756685
2	科大讯飞股份有限公司 IFLYTEK CO., LTD	1302466
3	东方科仪控股集团有限公司 OSIC Holding Group Co.,Ltd.	1020850
4	曙光信息产业股份有限公司 Dawning Information Industry Co., Ltd	1016113
5	时代出版传媒股份有限公司 Time Publishing & Media Co., Ltd.	645175
6	联泓新材料科技股份有限公司 Levima Advanced Materials Corporation	593136
7	中科软科技股份有限公司 Sinosoft Co., Ltd.	587507
8	中科实业集团（控股）有限公司 China Sciences Group Co.,Ltd.	560118
9	青岛金王应用化学股份有限公司 QingDao Kingking Applied Chemistry Co., Ltd.	400171
10	济钢防务技术有限公司 Jigang Defense Technology Co., Ltd.	313911
11	中国科技出版传媒集团有限公司 China Science Publishing & Media Group Ltd.	279153
12	科大智能科技股份有限公司 CSG Intelligent Technology Co., Ltd.	273845
13	沈阳新松机器人自动化股份有限公司 SIASUN Robot&Automation Co., Ltd.	265964
14	成都地奥制药集团有限公司 Chengdu Di’ao Pharmaceutical Corporation, CAS	255224
15	诺德投资股份有限公司 Nuode Investment Co., Ltd.	215476
16	中科可控信息产业有限公司 Suma Technology Co., Ltd.	187633
17	江西金佳谷物股份有限公司 Jiangxi Jinjia Grains Co., Ltd.	172946
18	北京超图软件股份有限公司 SuperMap Software Co., Ltd.	161005
19	汉王科技股份有限公司 Hanvon Technology Co., Ltd.	155516

续表 10-5

序号 No.	企业名称 Name of enterprises	营业收入 Operating income
20	科大国创软件股份有限公司 USTC Sinovate Software Co.,Ltd.	151204
21	上海杰事杰新材料（集团）股份有限公司 Shanghai GENIUS Advanced Material (GROUP) Co., Ltd.	112651
22	中科行发投资控股集团有限公司 Beijing Zhongke Xingfa Investment Holding Co., Ltd.	110449
23	龙芯中科技术股份有限公司 Loongson Technology Corporation Limited	108232
24	国科科仪控股有限公司 CAS Scientific Instruments Holdings	99414
25	中船重工汉光科技股份有限公司 HG Technologies Co., Ltd.	87430
26	中科九度（北京）空间信息技术有限责任公司 GeoDo(Beijing) Spatial Information Technology Co.,Ltd	78145
27	国科健康生物科技有限公司 CAS Health Holdings	67728
28	上海瀚讯信息技术股份有限公司 Jushri Technologies, INC	64086
29	上海新傲科技股份有限公司 Shanghai Simgui Technology Co., Ltd.	63711
30	浙江花园生物高科股份有限公司 Zhejiang Garden Biochemical High-Tech Co.,Ltd	61489

注：“合并”指合并会计报表，又称合并财务报表，即以母公司和子公司组成的企业集团为一会计主体，以母公司和子公司单独编制的个别会计报表为基础，由母公司编制的综合反映由母公司与子公司组成的企业集团经营成果、财务状况及其变动情况的会计报表。

Note: “Merged” refers to the merged statement of accounting or merged financial statement. It means the combined accounting statement of a group company consisting of parent company and subordinate companies, on the basis of the independent accounting statement of both the parent company and the subordinate companies. The merged accounting statement made by parent company indicates group company operating results,financial status and its changes of both the parent company and subordinate companies.

10-6 利润总额排序前 30 名的院、所投资企业（2020 年）

Top 30 CAS and Its Institution Invested Enterprises in Total Profit: 2020

单位：万元 （ten thousand yuan）

序号 No.	企业名称 Name of enterprises	利润总额 Total profit
1	联想控股有限公司 Legend Holdings Corporation	1218215
2	科大讯飞股份有限公司 IFLYTEK CO., LTD	145664
3	曙光信息产业股份有限公司 Dawning Information Industry Co., Ltd	105253
4	联泓新材料科技股份有限公司 Levima Advanced Materials Corporation	76848
5	中国科技出版传媒集团有限公司 China Science Publishing & Media Group Ltd.	49965
6	中国科学院控股有限公司 CAS Holding Co., Ltd.	49356
7	中科软科技股份有限公司 Sinosoft Co., Ltd.	48863
8	成都地奥制药集团有限公司 Chengdu Di’ao Pharmaceutical Corporation, CAS	47914
9	中科实业集团（控股）有限公司 China Sciences Group Co.,Ltd.	47279
10	东方科仪控股集团有限公司 OSIC Holding Group Co.,Ltd.	39800
11	浙江花园生物高科股份有限公司 Zhejiang Garden Biochemical High-Tech Co.,Ltd.	31498
12	兰州科近离子技术发展有限公司 Lanzhou Kejin Ion Tech. Development Co., Ltd	31385
13	时代出版传媒股份有限公司 Time Publishing & Media Co., Ltd.	27757
14	北京超图软件股份有限公司 SuperMap Software Co., Ltd.	26300
15	汉王科技股份有限公司 Hanvon Technology Co., Ltd.	21299
16	上海瀚讯信息技术股份有限公司 Jushri Technologies,Inc.	17196
17	福建福晶科技股份有限公司 CASTECH Inc	16678
18	中科九度（北京）空间信息技术有限责任公司 GeoDo(Beijing) Spatial Information Technology Co.,Ltd	16155
19	武汉烯王生物工程公司 Alking Bioengineering (Wuhan) Co.,Ltd.	15773

续表 10-6

序号 No.	企业名称 Name of enterprises	利润总额 Total profit
20	中科健康产业集团股份有限公司 Zhongke Health Industry Group Corp., Ltd.	14399
21	中科可控信息产业有限公司 Suma Technology Co., Ltd.	12829
22	中船重工汉光科技股份有限公司 HG Technologies Co., Ltd.	10381
23	龙芯中科技术有限公司 Loongson Technology Corporation Limited	9691
24	中科院广州化学有限公司 CAS Guangzhou Chemistry Co., Ltd.	9668
25	深圳中科先进投资管理有限公司 Shenzhen Zhongke Advanced Investment Management Co.,Ltd.	9434
26	国科健康生物科技有限公司 CAS Health Holdings	8605
27	武汉中科开物技术有限公司 Wuhan Zhongke Kaiwu Technology Co., Ltd.	7968
28	上海杰事杰新材料（集团）股份有限公司 Shanghai GENIUS Advanced Material (GROUP) Co., Ltd.	7965
29	北京中科晶上科技股份有限公司 Beijing Sylincom Technology Co.,Ltd.	7922
30	上海新傲科技股份有限公司 Shanghai Simgui Technology Co., Ltd.	7234

10-7 院、所投资企业经营情况按行业分类（2020 年）

Statistics of Business Operation of CAS and Its Institution Invested Enterprises, by Sector: 2020

行业 Industry	企业数（个） Number of enterprises	营业收入（万元） Operating income (ten thousand yuan)	利润总额（万元） Annual profit (ten thousand yuan)
总计 **Total**	**856**	**53631261**	**1919875**
采矿业 Mining	2	323	−4282
房地产业 Real estate	2	523	37
卫生和社会工作 Health and social work	1	8040	592
建筑业 Construction	6	57199	956
居民服务、修理和其他服务业 Residential service, repair and other services	38	605435	59920
科学研究和技术服务业 Science research and technical services	286	656058	−53533
农、林、牧、渔业 Agriculture, forestry, animal husbandry and fishery	20	226495	−10648
批发和零售业 Whole sale and retail	17	349049	−515
水利、环境和公共设施管理业 Water conservancy, environment and public facility management	30	111301	12052
金融业 Finance	8	17350	12378
文化、体育和娱乐业 Culture, sports and recreation industry	13	948421	81014
信息传输、软件和信息技术服务业 Information, software and Information technology services	105	44638656	1500535
制造业 Manufacturing	283	4800860	247181
住宿和餐饮业 Lodging and food service	9	6861	−714
租赁和商务服务业 Leasing industry and business services	27	1176614	83462
交通运输、仓储和邮政业 Transportation, warehousing and post	1		
电力、燃气及水的生产和供应业 Power, gas & water production and supply industry	8	28076	−8560

主要统计指标解释

1. 院、所投资企业

中国科学院及其所属各单位投资的全资、控股和参股企业。

2. 在职职工总数

在职职工总数包括固定合同制职工、聘用人员和临时工。

3. 少数股东权益

指集团公司的子公司所有者权益中不属于母公司的份额,在合并会计报表中用“少数股东权益”表示。

4. 所有者权益

所有者权益为资产总额扣除负债总额和少数股东权益后的余额。

5. 上缴税金总额

上缴税金总额包括增值税、营业税金及附加、所得税及其他税金的总和。

6. 营业收入

营业收入是指企业在生产经营活动中，由销售产品和商品、进行技术服务、提供劳务等取得的收入。

7. 利润总额

利润总额包括营业利润、投资净收益及营业外收支净额，为所得税前利润。

营业利润是指营业收入扣减成本、各种费用、流转税及附加税费的数额。

投资净收益是指投资收益扣除投资损失后的数额。

营业外收支净额为营业外收入减去营业外支出后的数额。

8. 利税总额

利税总额是税后净利润与全部上缴税金之和。

Explanatory Notes on Key Indicators

1. CAS and its institution invested enterprises

This refers to the wholly owned enterprises, holding companies and share holding companies invested by CAS and its institutions.

2. Total number of staff at work

This includes permanent and contract staff, invited engaged staff and temporary staff.

3. Minority interests

This refers to the share of the total owner's equity of the subordinate company in a group company which does not belong to the parent company. It is indicated as "Minority interests" on the merged statement of the group company accounting.

4. Total owner's equity

This refers to the total value of the assets in an enterprise after deducting all debts and minority shareholders' interests.

5. Total tax

This includes value added tax, business tax, surtax, income tax and other taxes.

6. Operating income

This refers to the income obtained by the enterprises in their production and business activities such as product sales, commodity sales, technical service and labor service.

7. Total profit

This refers to profit before income tax, including operation profit, net income from investment and non-operating profit. Operating profit refers to net income after deduction of cost, various expenditure, indirect tax and surtax. Net income from investment refers to investment income after deducting investment losses, and non-operating profit refers to non-operating income after deducting non-operating expenses.

8. Total profit from interest and tax

Total profit from benefits and tax refers to the net benefits plus total tax of enterprises.

十一、科技成果转移转化项目

TRANSFER AND TRANSFORMATION OF SCI-TECH ACHIEVEMENTS

11-1 科技成果转移转化项目总体情况

General Statistics of Transfer and Transformation of Sci-tech Achievement

年份 Year	项目数（项） Number of projects (item)	销售收入（万元） Sales income (ten thousand yuan)	利税总额（万元） Total profits and taxes (ten thousand yuan)
2001	858	1611200	351700
2002	1415	2430975	500720
2003	3002	3124331	594917
2004	2979	3589498	676499
2005	2434	4142053	759678
2006	2522	5123678	751205
2007	3415	6233741	1018048
2008	3867	9642015	1347276
2009	5108	14035242	2165263
2010	6796	20494943	3367632
2011	7012	26288144	4137872
2012	8551	30272998	4783736
2013	9907	31057911	4258326
2014	10538	34855487	4702810
2015	10460	35582257	4422394
2016	11281	38314268	4724421
2017	13364	42693087	5139600
2018	14277	45948900	5720300
2019	14050	46101600	5125000
2020	14352	45880700	4999400

注：1. 第 11 部分表中的项目数指自 1996 年以来中国科学院院属单位通过科技成果转化到地方企业并正在实施的合作项目的数量。

Note: The project index in section 11 refers to the data of cooperative projects transferred by CAS institutions, since 1996, to the local enterprises, and being implemented in the current years.

2. 第 11 部分表中的销售收入及利税总额指自 1996 年以来中国科学院院属单位通过科技成果转移转化在地方企业当年产生的销售收入及利税总额。

The sales income and profits & taxes in section 11 refer to the total sales income and profits taxes generated by the projects transferred by CAS institutions, since 1996, to the local enterprises.

11-2 科技成果转移转化项目按销售收入分组（2020 年）

Transfer and Transformation of Sci-tech Achievement, by Sales Income: 2020

	合计 Total	1 亿元以下 Under 100 million yuan	1 亿～5 亿元 100 million-500 million yuan	5 亿～10 亿元 500 million-1 billion yuan	10 亿元以上 Over 1 billion yuan
项目数（项） Number of projects (item)	14352	13623	528	102	99
(%)	100	94.9	3.7	0.7	0.7
销售收入（亿元） Sales income (ten thousand yuan)	4588	765	1134	664	2025
(%)	100	16.7	24.7	14.5	44.1

11-3 科技成果转移转化项目按分院情况（2020 年）

Transfer and Transformation of Sci-tech Achievement, by Branches: 2020

分院及地区 Branch and region	项目数（项） Number of projects (item)	销售收入（万元） Sales income (ten thousand yuan)	利税总额（万元） Total profits and taxes (ten thousand yuan)
总计 Total	**14352**	**45880700**	**4999400**
北京市、天津市、山西省 Beijing, Tianjin and Shanxi Province	3081	3252400	345200
沈阳分院 Shenyang Branch	2062	2559300	335900
长春分院 Changchun Branch	1442	1143000	113800
上海分院 Shanghai Branch	836	3431500	315800
南京分院 Nanjing Branch	2097	13964200	1459000
合肥物质科学研究院 Hefei Institutes of Physical Sciences	1796	5600400	599400
武汉分院 Wuhan Branch	737	2631000	340300
广州分院 Guangzhou Branch	991	8254000	835000
成都分院 Chengdu Branch	767	2824000	289700
昆明分院 Kunming Branch	191	575100	112900
西安分院 Xi'an Branch	217	858800	143600
兰州分院 Lanzhou Branch	57	357000	70000
新疆分院 Xinjiang Branch	78	430000	38800

注：为充分发挥分院在科技成果转移转化中的作用，将全国 31 个省（自治区、直辖市）（港、澳、台除外）按分院进行了工作区域的划分，北京分院（筹）：北京市、天津市、河北省、山西省、内蒙古自治区；沈阳分院：辽宁省、山东省；长春分院：吉林省、黑龙江省；上海分院：上海市、浙江省、福建省；南京分院：江苏省、江西省；合肥物质科学研究院：安徽省、河南省；武汉分院：湖北省、湖南省；广州分院：广东省、广西壮族自治区、海南省；成都分院：四川省、重庆市、西藏自治区；昆明分院：云南省、贵州省；西安分院：陕西省、宁夏回族自治区；兰州分院：甘肃省、青海省；新疆分院：新疆维吾尔自治区。

Note: In order to bring CAS Branches into full play in the cooperation between CAS and local governments and enterprises, CAS has put this responsibility on each of its Branches covering the nation's 31 provinces, municipalities and autonomous regions except Hong Kong, Macao, and Taiwan Regions. The main responsible areas for eath Branch are divided as followings: Beijing Area is responsible for Beijing, Tianjin, Hebei Province, Shanxi Province, Inner Mongolian Autonomous Region; Shenyang Branch for Liaoning Province, Shandong Province; Changchun Branch for Jilin Province, Heilongjiang Province; Shanghai Branch for Shanghai, Zhejiang Province, Fujian Province; Nanjing Branch for Jiangsu Province, Jiangxi Province; Hefei Institutes of Physical Sciences for Anhui Province, Henan Province; Wuhan Branch for Hubei Province, Hunan Province; Guangdong Branch for Guangzhou Province, Guangxi Zhuang Autonomous Region, Hainan Province; Chengdu Branch for Sichuan Province, Chongqing, Tibet Autonomous Region; Kunming Branch for Yunnan Province, Guizhou Province; Xi'an Branch for Shaanxi Province, Ningxia Hui Autonomous Region; Lanzhou Branch for Gansu Province, Qinghai Province; Xinjiang Branch for Xinjiang Uygur Autonomous Region.

11-4 科技成果转移转化项目销售收入排序前 10 名的单位（2020 年）

Institutions with Sales Income Surpassing One Billion RMB Generated from Transfer and Transformation of Sci-tech Achievement: 2020

单位名称 Names of institutes	项目数（项） Number of projects (item)	销售收入（万元） Sales income (ten thousand yuan)	利税总额（万元） Total profits and taxes (ten thousand yuan)
大连化学物理研究所 Dalian Inst. of Chemical Physics	1044	4368900	650600
过程工程研究所 Inst. of Process Engineering	1123	4147600	681600
金属研究所 Inst. of Metal Research	1434	2886500	230000
合肥物质科学研究院 Hefei Inst. of Physical Science	735	2347000	151800
自动化研究所 Inst. of Automation	199	2114700	108400
宁波材料技术与工程研究所 Ningbo Institute of Materials Technology&Engineering	618	1634900	191500
化学研究所 Inst. of Chemistry	373	1499900	193400
沈阳自动化研究所 Shenyang Inst. of Automation	494	1429600	158500
中国科学技术大学 University of Science and Technology of China	1162	1399400	147900
长春应用化学研究所 Changchun Inst. of Applied Chemistry	525	1121400	103900

十二、国际合作、港澳台地区交流

INTERNATIONAL COOPERATION, AND EXCHANGES WITH HONG KONG, MACAO AND TAIWAN REGIONS

12-1 国际合作、港澳台地区交流情况

International Cooperation, and Exchanges with Hong Kong, Macao and Taiwan Regions

单位：人·次 （person · time）

年份 Year	派出 CAS staff sent	邀请 Visitors hosted by CAS	年份 Year	派出 CAS staff sent	邀请 Visitors hosted by CAS
1950	16		1993	4378	2719
1951	11		1994	4319	1835
1952	5		1995	4484	2554
1953	53		1996	5432	2018
1954	45	3	1997	5247	2990
1955	84	84	1998	5035	2861
1956	226	204	1999	7237	2895
1957	133	248	2000	6622	2929
1958	159	345	2001	7304	8576
1959	103	302	2002	8460	7987
1960	119	192	2003	7370	6730
1961	75	27	2004	7638	11646
1976	147	200	2005	8153	13421
1977	217	322	2006	8922	17481
1978	587	571	2007	10058	17209
1979	784	1074	2008	8638	16480
1980	950	1760	2009	10447	17668
1981	1119	1211	2010	11972	18814
1982	1322	992	2011	13878	17624
1983	1222	1798	2012	17116	14132
1984	1827	1845	2013	18937	16561
1985	1713	3197	2014	15727	14677
1986	1310	3770	2015	19916	14971
1987	2216	2558	2016	21889	15143
1988	3344	3518	2017	23956	17007
1989	4077	2097	2018	25653	16188
1990	4456	2184	2019	26355	18742
1991	4459	2544	2020	3848	843
1992	4164	2425			

注：2002 年的“邀请”统计中包含了顺访外宾人次。

Note: The statistics of invited visitors in 2002 include the number of short visits.

12-2 国际合作、港澳台地区交流邀请项目按类型分类（2020 年）

Statistics of Visitors Hosted by CAS, by Type of Exchange: 2020

单位：人·次 （person · time）

国家与地区 Country and region	按交流形式分类统计 By type of exchange						
	小计 Subtotal	学术访问 Academic visit	合作研究 Joint research	国际会议 International conference	培训 Training	科技展览 S&T exhibition	其他 Others
总计 Total	**843**	**331**	**416**	**78**	**13**		**5**
亚洲 Asia	268	98	139	24	7		
巴基斯坦 Pakistan	26	9	11	2	4		
菲律宾 Philippines	4		4				
格鲁吉亚 Georgia	6	6					
哈萨克斯坦 Kazakhstan	7	3	2	2			
韩国 R. O. Korea	30	3	24	1	2		
吉尔吉斯斯坦 Kyrgyzstan	13	10		3			
老挝 Laos	3		3				
马来西亚 Malaysia	1		1				
蒙古国 Mongolia	4	2	2				
孟加拉国 Bangladesh	5	1	2	2			
缅甸 Myanmar	1		1				
尼泊尔 Nepal	1		1				
日本 Japan	89	25	64				
沙特阿拉伯 Saudi Arabia	4	3	1				
斯里兰卡 Sri Lanka	2		1	1			
塔吉克斯坦 Tajikistan	6	2		4			

续表 12-2

国家与地区 Country and region	按交流形式分类统计 By type of exchange						
	小计 Subtotal	学术访问 Academic visit	合作研究 Joint research	国际会议 International conference	培训 Training	科技展览 S&T exhibition	其他 Others
泰国 Thailand	10	3	5	1	1		
土耳其 Turkey	3	1		2			
乌兹别克斯坦 Uzbekistan	13	8	1	4			
新加坡 Singapore	16	13	3				
伊拉克 Iraq	1			1			
伊朗 Iran	14	5	8	1			
以色列 Israel	3	3					
印度 India	6	1	5				
欧洲 Europe	295	111	149	29	6		
爱尔兰 Ireland	1	1					
奥地利 Austria	7	4	2		1		
保加利亚 Bulgaria	1		1				
比利时 Belgium	17	14	3				
波兰 Poland	4	2	2				
丹麦 Denmark	2	2					
德国 Germany	40	17	20	3			
俄罗斯 Russia	44	3	30	11			
法国 France	52	8	36	4	4		
芬兰 Finland	6	3	3				
荷兰 Netherlands	15	8	5	2			

续表 12-2

国家与地区 Country and region	按交流形式分类统计 By type of exchange						
	小计 Subtotal	学术访问 Academic visit	合作研究 Joint research	国际会议 International conference	培训 Training	科技展览 S&T exhibition	其他 Others
捷克 Czech	1			1			
立陶宛 Lithuania	2		2				
罗马尼亚 Romania	2	2					
挪威 Norway	2		2				
葡萄牙 Portugal	2		1		1		
瑞典 Sweden	3	2	1				
瑞士 Switzerland	14	4	10				
斯洛伐克 Slovak	1		1				
斯洛文尼亚 Slovenia	2	2					
西班牙 Spain	5	4	1				
匈牙利 Hungary	3	3					
意大利 Italy	36	18	11	7			
英国 England	32	14	17	1			
直布罗陀 Gibraltar	1		1				
非洲 Africa	20	6	10	4			
埃及 Egypt	6		6				
刚果（金） D.R.Congo	1			1			
喀麦隆	2			2			
肯尼亚 Kenya	1			1			
卢旺达 Rwanda	1		1				
毛里求斯 Mauritius	1	1					

续表 12-2

国家与地区 Country and region	按交流形式分类统计 By type of exchange						
	小计 Subtotal	学术访问 Academic visit	合作研究 Joint research	国际会议 International conference	培训 Training	科技展览 S&T exhibition	其他 Others
尼日利亚 Nigeria	3	3					
塞内加尔 Senegal	2		2				
突尼斯 Tunisia	3	2	1				
北美洲 North America	147	89	50	8			
加拿大 Canada	36	24	9	3			
美国 USA	111	65	41	5			
南美洲 South America	7	1	6				
巴西 Brazil	3	1	2				
哥伦比亚 Colombia	1		1				
智利 Chile	3		3				
大洋洲 Oceania	27	9	12	5			1
澳大利亚 Australia	22	9	7	5			1
新西兰 New Zealand	5		5				

地区 Region	按交流形式分类统计 By type of exchange						
	小计 Subtotal	学术访问 Academic visit	合作研究 Joint research	会议 Conference	培训 Training	科技展览 S&T exhibition	其他 Others
澳门 Macao	20	2	18				
香港 Hong Kong	18	12	5				1
台湾 Taiwan	41	3	27	8			3
合计 Total	**79**	**17**	**50**	**8**			**4**

12-3 国际合作、港澳台地区交流派出项目按类型分类（2020 年）

Statistics of CAS Staff Sent Overseas, by Type of Exchange: 2020

单位:人 • 次 （person • time）

国家与地区 Country and region	按交流形式分类统计 By type of exchange						
	小计 Subtotal	学术访问 Academic visit	合作研究 Joint research	国际会议 International conference	培训 Training	科技展览 S&T exhibition	其他 Others
合计 Total	**3848**	**238**	**1980**	**1540**	**28**		**62**
亚洲 Asia	917	53	405	440	1		18
阿联酋 United Emirates	7		5	2			
阿曼 Oman	4		2	2			
阿塞拜疆 Azerbaijan	6	6					
巴基斯坦 Pakistan	11		10	1			
菲律宾 Philippines	8	4		4			
哈萨克斯坦 Kazakhstan	8		8				
韩国 R. O. Korea	80	2	4	72			2
吉尔吉斯斯坦 Kyrgyzstan	4		4				
柬埔寨 Cambodia	2		2				
老挝 Laos	10		10				
黎巴嫩 Lebanon	4	1	3				
马尔代夫 Maldives	24	1	6	17			
缅甸 Union of Myanmar	21	1	9	11			
尼泊尔 Nepal	28		21	7			
日本 Japan	227	14	84	126			3
沙特阿拉伯 Saudi Arabia	23	1	6	16			

国家与地区 Country and region	按交流形式分类统计 By type of exchange						
	小计 Subtotal	学术访问 Academic visit	合作研究 Joint research	国际会议 International conference	培训 Training	科技展览 S&T exhibition	其他 Others
斯里兰卡 Sri Lanka	84		81	3			
泰国 Thailand	82	2	43	25			12
土耳其 Turkey	23	6		17			
乌兹别克斯坦 Uzbekistan	33		33				
新加坡 Singapore	103	10	27	64	1		1
伊朗 Iran	1			1			
以色列 Israel	12	3	7	2			
印度 India	72	1	11	60			
印度尼西亚 Indonesia	28		21	7			
约旦 Jordan	3	1	2				
越南 Vietnam	9		6	3			
欧洲 Europe	781	79	350	321	21		10
爱尔兰 Ireland	9	5	1	3			
奥地利 Austria	27		1	25	1		
白俄罗斯 Belarus	3		3				
比利时 Belgium	15	3	9	3			
冰岛 Ísland	6		6				
波兰 Poland	5		3	2			
丹麦 Denmark	11	1	3	6			1
德国 Germany	152	14	71	56	9		2
俄罗斯 Russia	39	7	23	9			

续表 12-3

国家与地区 Country and region	按交流形式分类统计 By type of exchange						
	小计 Subtotal	学术访问 Academic visit	合作研究 Joint research	国际会议 International conference	培训 Training	科技展览 S&T exhibition	其他 Others
法国 France	127	4	60	61	2		
芬兰 Finland	1		1				
荷兰 Netherlands	37	1	16	20			
捷克 Czech	9	1	5	2	1		
立陶宛 Lithuania	7				7		
罗马尼亚 Romania	2			2			
马耳他 Malta	10	10					
挪威 Norway	7		4				3
葡萄牙 Portugal	9			9			
瑞典 Sweden	10	1	7	2			
瑞士 Switzerland	73	1	41	31			
斯洛文尼亚 Slovenia	1			1			
乌克兰 Ukraine	8	1	7				
西班牙 Spain	35	2	10	22	1		
希腊 Greece	21	8	2	11			
匈牙利 Hungary	5	3	2				
意大利 Italy	44	3	20	21			
英国 England	108	14	55	35			4
非洲 Africa	67	7	33	11			16
阿尔及利亚 Algeria	14						14
埃塞俄比亚 Ethiopia	5	2	2				1

国家与地区 Country and region	按交流形式分类统计 By type of exchange						
	小计 Subtotal	学术访问 Academic visit	合作研究 Joint research	国际会议 International conference	培训 Training	科技展览 S&T exhibition	其他 Others
津巴布韦 Zimbabwe	9	1	7				1
科特迪瓦 Cote d'ivoire	1		1				
毛里塔尼亚 Mauritania	10		10				
摩洛哥 Morocco	2			2			
南非 South Africa	13	4	1	8			
坦桑尼亚 Tanzania	12		12				
突尼斯 Tunisia	1			1			
北美洲 North America	800	52	152	590	6		
古巴 Cuba	3			3			
加拿大 Canada	46	7	13	25	1		
美国 USA	747	45	139	558	5		
墨西哥 Mexico	4			4			
南美洲 South America	50		45	5			
阿根廷 Argentina	10		10				
巴西 Brazil	14		10	4			
秘鲁 The Republic of Peru	2		2				
乌拉圭 Uruguay	1			1			
智利 Chile	23		23				
大洋洲 Oceania	530	12	437	81			
澳大利亚 Australia	120	12	47	61			
巴布亚新几内亚 Papua New Guinea	83		83				

国家与地区 Country and region	按交流形式分类统计 By type of exchange						
	小计 Subtotal	学术访问 Academic visit	合作研究 Joint research	国际会议 International conference	培训 Training	科技展览 S&T exhibition	其他 Others
法属波利尼西亚 French Polynesia	1		1				
斐济 Fiji	1		1				
密克罗尼西亚 Micronesia	299		299				
汤加 Tonga	3			3			
新西兰 New Zealand	23		6	17			
其他 Other	513		513				
北极 North Pole	3		3				
大西洋 Atlantic Ocean	1		1				
南极 Antarctica	6		6				
太平洋 Pacific Ocean	383		383				
印度洋 Indian Ocean	120		120				

地区 Region	按交流形式分类统计 By type of exchange						
	小计 Subtotal	学术访问 Academic visit	合作研究 Joint research	会议 Conference	培训 Training	科技展览 S&T exhibition	其他 Others
澳门 Macao	91	20	25	46			
香港 Hong Kong	74	4	16	37			17
台湾 Taiwan	25	11	4	9			1
合计 Total	**190**	**35**	**45**	**92**			**18**

12-4 在国际组织任职人员情况（2020 年）

Statistics of CAS Professionals Holding Posts in Various International Organizations: 2020

	人数 Person
一、在国际组织任职人员分布情况 International organizations in which CAS professionals hold posts	981
发展中国家科学院（院士） The Academy of Sciences for the Developing World (TWAS)	238
国际山地综合开发中心 International Center for Integrated Mountain Development (ICIMOD)	1
联合国环境规划署 United Nation's Environment Program (UN Environment)	3
联合国教科文组织 United Nations Educational, Scientific and Cultural Organization (UNESCO)	1
国际自然与自然资源保护联盟 International Union for Conservation of Natural Resources (IUCN)	3
国际纯粹与应用化学联盟 International Union of Pure and Applied Chemistry (IUPAC)	3
国际纯粹与应用物理学联盟 International Union of Pure and Applied Physics (IUPAP)	4
国际科学理事会 International Science Council (ISC)	3
国际第四纪研究联盟 International Union for Quaternary Research (INQUA)	2
国际催化学会联盟 International Association of Catalysis Societies (IACS)	
国际动物学会 The International Society of Zoological Sciences (ISZS)	3
国际心理学联合会 International Union of Psychological Science (IUPsyS)	3
其他国际组织 Other international organizations	717
二、其中在国际组织担任重要职务情况 Of which, major posts held by CAS professionals	331
主席 President	46
副主席 Vice President	38
常务理事 Executive Council Member	192
国家代表 National Representative	28
秘书长 Secretary-General	27
三、在国际组织任职人员中的院士人数 Number of CAS and CAE members who hold international organization posts	153
秘书长 Secretary-General	24

十三、文献情报、图书出版

DOCUMENTATION, INFORMATION AND OTHER PUBLICATIONS

13-1 文献情报系统馆藏文献情况

Statistics of Documentation Collected by CAS Documentation and Information System

单位：万册 （ten thousand volumes）

年份 Year	文献收藏总量 Total collection	其中：文献情报中心和地区中心藏书量 Of which: Total books collected by NSL and 2 Branches	图书 Books			期刊 Periodicals			其他文献 Others
			合计 Total	中文 Chinese	外文 Foreign languages	合计 Total	中文 Chinese	外文 Foreign languages	
1950	63	34	51			12	6	6	
1955	272	118	182	115	67	88	26	62	2
1959	813	413	484	347	137	314	81	233	15
1965	1542	849	851	608	243	664	221	433	27
1978	867	692	367	184	183	193	102	91	307
1981	1753	876	668	354	314	679	190	489	406
1985	2104	962	600	312	288	1089	352	737	415
1988	2935	1240	679	359	320	1809	367	1442	447
1990	2565	1033	836	402	434	1729	357	1372	530
1991	3306	1269	810	392	418	1834	396	1438	662
1992	3032	1446	821	402	419	1553	353	1200	658
1993	3006	1450	786	409	377	1563	364	1199	657
1994	3032	1224	791	456	335	1592	368	1224	649
1995	3632	1232	768	394	374	2236	533	1703	628
1996	3700	1248	764	405	359	2316	549	1767	620
1997	3673	1271	681	339	342	2366	567	1799	626
1998	3606	1345	586	282	304	2295	540	1754	726
1999	4150	1358	629	322	307	2180	564	1616	1342
2000	3807	1365	782	450	332	2183	555	1627	843
2001	3624	1377	741	431	311	2037	538	1499	846
2002	3284	1105	678	416	263	1739	522	1216	868
2003	3194	1432	691	390	301	1713	551	1162	790
2004	3432	1667	711	402	309	1897	556	1341	824
2005	3311	1714	692	394	298	1894	566	1328	725
2006	3327	1369	663	375	288	1943	617	1326	721
2007	3341	1527	681	393	288	1790	525	1265	870
2008	3322	1524	642	375	267	1733	514	1219	947
2009	3923	1506	485	245	240	2528	531	1997	910
2010	4045	1614	486	245	241	2589	543	2046	970
2011	3846	1400	491	247	244	2604	548	2056	751

续表 13-1

年份 Year	文献收藏总量 Total collection	其中：文献情报中心和地区中心藏书量 Of which: Total books collected by NSL and 2 Branches	图书 Books			期刊 Periodicals			其他文献 Others
			合计 Total	中文 Chinese	外文 Foreign languages	合计 Total	中文 Chinese	外文 Foreign languages	
2012	11914	1530	657	416	241	1615	591	1024	9643
2013	12323	1715	661	419	242	1670	682	988	9992
2014	12271	1466	735	458	277	1760	717	1043	9776
2015	12216	1475	713	451	262	1757	710	1047	9746
2016	5141	1062	728	495	233	3865	625	3240	548
2017	2933	1042	685	454	231	1645	676	969	603
2018	2218	1131	504	309	195	1385	490	895	329
2019	2069	1211	426	265	161	1337	522	815	306
2020	2964	1565	743	485	258	1907	699	1208	314

注：1. 中国科学院文献情报中心。
Note：National Science Library, Chinese Academy of Sciences.
2. 中国科学院文献情报系统包括中国科学院文献情报中心、地区中心和研究所文献情报机构。
CAS documentation and information system includes NSL, 2 Branches and documentation and information services in the institutes of CAS.

13-2　数字文献资源建设（2020 年）
Digital Documentation Resources: 2020

	开通数据库（种）Accessible data bank (title)		全文期刊（种）Full-text periodicals (title)		自建数据库（种）Independent data bank (title)	
	二次文献数据库 Secondary document data bank	全文数据库 Full-text data bank	外文 Foreign languages	中文 Chinese	全文库 Full-text data bank	非全文库 Non-full-text data bank
总计 Total	**260**	**432**	**742993**	**952888**	**144**	**57**
其中：文献情报中心和地区中心 Of which: Collected by NSL and 2 Branches	61	74	10153	22702	4	12

注：全院范围内集团采购电子期刊数量见中国科学院国家科学图书馆可访问电子期刊数量。

Note: For group purchasing e-magazines within the range of the Academy, please see accessible e-magazines of the National Science Library of the Chinese Academy of Sciences.

13-3　文献情报系统馆藏图书、期刊情况（2020 年）
Statistics of Books and Periodicals Collected by CAS Documentation and Information System: 2020

单位：万册　　　　（ten thousand volumes）

	合计 Total	中文 Chinese	西文 Western languages	日文 Japanese	俄文 Russian	其他 Other languages
图书总册数 Total number of books	**714**	**485**	**204**	**7**	**18**	**0**
其中：文献情报中心和地区中心 Of which: Collected by NSL and 2 Branches	260	130	125	1	4	0
期刊总册数 Total items of periodicals	**1906**	**699**	**945**	**144**	**118**	**0**
其中：文献情报中心和地区中心 Of which: Collected by NSL and 2 Branches	1223	418	605	114	86	0

13-4 文献情报系统馆藏其他文献情况（2020 年）

Statistics of Other Documents Collected by CAS Documentation and Information System: 2020

	古籍（册）Ancient book (volume)	学位论文（篇）Theses (article)	会议录（册）Proceeding (volume)	专利文献（件）Patent (item)	照片图纸（张）Photo and blueprint (frame)	科技报告（篇）S&T report (article)
总计 Total	**608033**	**267651**	**156142**	**2347713**	**1541758**	**233201**
其中：文献情报中心和地区中心 Of which: Collected by NSL and 2 Branches	477079	183764	139395	2325956	52	119701

	成果资料（件）Achievement document (item)	标准文献（件）Standard document (item)	音像制品（盒）Audio-visual document (box)	缩微制品（盒）Microform (box)	其他（件）Others(item)
总计 Total	**24755**	**8483**	**26199**	**115784**	**350131**
其中：文献情报中心和地区中心 Of which: Collected by NSL and 2 Branches	—	2174	1461	89016	—

13-5 文献情报系统情报服务情况（2020 年）

Documentation Services Provided by CAS Documentation and Information System: 2020

	文献流通（册·次）Documents circulated (volume · time)	馆际互借（册·次）Inter-library loans (volume · time)	全文传递（篇）Document delivery (article)	全文库下载量（篇）Full-text downloads (article)	网络服务（点击次数）Services of a network (time)	国际交换（册）International document exchange (volume)	文献复制（页）Document reproduction (page)	到所培训/读者培训（次）On-site/ User training (time)
总计 Total	**91555**	**2763**	**110923**	**59257825**	**138797349**	**850**	**2600153**	**555**
其中：文献情报中心和地区中心 Of which: Collected by NSL and 2 Branches	15866	656	89161	56136288	133880174	—	960869	149

注：全文下载量为集团采购电子资源的全文下载量。

Note: Full-text downloads refer to downloads of group purchasing e-resources.

13-6 文献情报系统情报加工与服务情况（2020 年）

Information Processing and Services Provided by CAS Documentation and Information System: 2020

	情报服务 Information services			二次文献加工 Secondary information processing		情报调研报告（篇） Information analysis reports (article)
	专题咨询（次） Special subject consultation (time)	文献检索（条） Documentation retrieval (item)	科技查新（项） Novelty-searching (item)	文摘（条） Abstract (item)	数据库数据加工（条） Data processing (item)	
总计 Total	**33068**	**110531**	**6393**	**6094222**	**386903027**	**1090**
其中：文献情报中心和地区中心 Of which: Collected by NSL and 2 Branches	9428	1971	5030	6082064	86820299	720

年份 Year	合计 Total		科学出版社 Science Press		
	初版（种） First edition (title)	重版（种） Republication (title)	初版书 First edition		
			种 (title)	万字 (ten thousand Chinese characters)	万册 (ten thousand volumes)
总计 Total	**85264**	**160879**	**80631**	**3255470**	**48499**
1950～1954	238		238	3157	106
1955～1965	3301	1557	3301	71427	1396
1966～1970	172	126	172	4834	188
1971～1977	892	177	892	21508	3981
1978～1985	3140	748	3140	89744	5867
1986～1990	2707	479	2480	76280	1758
1991～1995	2925	881	2439	90186	2270
1996～2000	4582	3809	4088	183618	4099
2001	1335	1549	1215	56990	948
2002	1519	1827	1377	59359	1711
2003	2149	2605	1982	75112	2056
2004	2982	3175	2877	111849	2589
2005	2602	3678	2500	99628	1517
2006	2490	3295	2344	97995	1596
2007	2559	3895	2447	111446	1331
2008	3183	3486	3015	132087	1469
2009	3553	5174	3383	165253	1598
2010	3533	5927	3402	159585	1759
2011	3937	6667	3786	153117	1840
2012	3696	6122	3492	135138	2082
2013	3455	7441	3247	128451	1302
2014	4006	10869	3750	145240	1160
2015	4164	10694	3941	178176	1116
2016	4881	12898	4666	173997	1099
2017	4866	13939	4623	181599	1098
2018	4549	15582	4345	168865	829
2019	3932	16894	3776	142873	746
2020	3916	17385	3713	237956	988

出版情况

Books Published

重版书 Republication		中国科学技术大学出版社 University of Science and Technology of China Press				
		初版书 First edition			重版书 Republication	
种 (title)	万册 (ten thousand volumes)	种 (title)	万字 (ten thousand Chinese characters)	万册 (ten thousand volumes)	种 (title)	万册 (ten thousand volumes)
157121	**130211**	**4633**	**177694**	**2850**	**3758**	**2100**
1557	452					
126	26					
177	1547					
748	2483					
436	365	227	7130	256	43	78
631	990	486	16315	886	250	321
3605	5141	494	20644	306	204	205
1471	2787	120	4804	50	78	35
1755	3910	142	5434	75	72	36
2546	4663	167	6869	88	59	39
3124	4844	105	4460	48	51	23
3614	4198	102	4401	79	64	38
3213	4252	146	5700	66	82	33
3785	4333	112	4742	41	110	44
3390	4478	168	6551	63	96	41
5018	5635	170	7464	230	156	74
5798	5878	131	5141	40	129	70
6488	6739	151	5703	53	179	115
5960	6099	204	7467	62	162	91
7261	6440	208	8032	77	180	55
10686	6960	256	10154	75	183	62
10531	6996	223	8786	60	163	94
12733	6376	215	7681	74	165	140
13662	7724	243	11219	66	277	103
15256	9427	204	6880	52	326	143
16495	9781	156	5425	41	399	144
17055	7687	203	6692	62	330	116

13-8 图书出版情况（2020年）
Classification of Books Published: 2020

单位：种 (title)

学科及书类 Field and type	合计 Subtotal	科学出版社 Science Press	中国科学技术大学出版社 University of Science and Technology of China Press
总计 Total	**21301**	**20768**	**533**
一、按学科分 By field			
数学、力学 Mathematics & mechanics	1764	1684	80
物理 Physics	692	617	75
化学 Chemistry	593	563	30
天文学 Astronomy	30	27	3
地学 Earth sciences	412	407	5
生物学 Biological sciences	1545	1537	8
技术科学 Technological sciences	4230	4172	58
综合类 Comprehensive	12035	11761	274
二、按书类分 By type			
专著 Monographs	10065	10015	50
基础理论 Basic theory	1005	762	243
论文集 Collected works	283	281	2
应用技术 Applied technology	420	335	85
基本资料 Basic information	502	496	6
工具书 Reference books	19	4	15
科普 Popular science	477	417	60
综述评论 Reviews	32	30	2
其他 Others	8498	8428	70

13-9 自然科学期刊分类情况（2020 年）

Classification of Periodicals in Natural Sciences: 2020

单位：种 （title）

	总计 Total	学术 Academic journals	技术 Technological journals	检索 Retrieval journals	科普 Popular science journals	指导 Instructional journals
一、期刊总数 Total number of periodicals	365	303	25	1	25	11
二、刊期 Frequency						
周刊 Weekly						
旬刊 Three issues per month	1	1				
半月刊 Semimonthly	12	7			4	1
月刊 Monthly	144	113	11	1	14	5
双月刊 Bimonthly	138	120	12		4	2
季刊 Quarterly	66	58	2		3	3
半年刊 Semiannually	4	4				
1 年刊 Annually						
三、学科 Field						
综合 Comprehensive	34	19			6	9
数学 Mathematics	17	16	1			
力学 Mechanics	9	9				
物理学 Physics	36	31	4		1	
化学 Chemistry	27	26	1			

续表 13-9

	总计 Total	学术 Academic journals	技术 Technological journals	检索 Retrieval journals	科普 Popular science journals	指导 Instructional journals
天文学 Astronomy	9	7	1		1	
地学 Earth sciences	61	56			5	
生物学 Biological sciences	58	52		1	5	
农学 Agriculture sciences	6	5	1			
环境科学 Environmental sciences	20	19	1			
技术科学 Technological sciences	68	49	14		5	
其他 Others	20	14	2		2	2

注：其中英文版期刊 106 种。
Note: There are 106 journals published in English.

(G-4790.01)
ISBN 978-7-03-069820-9
9 787030 698209 >